高等学校“十二五”规划教材·计算机软件工程系列

面向对象程序设计(VC++)

主　编　李志聪
副主编　富　宇　王春英

哈爾濱工業大學出版社

内容简介

本书是一本以 Visual C++6.0 为蓝本，讲述有关面向对象设计思想的教材。本书的最大特色是淡化了很多理论的讲解，通过实际案例的应用，来解释面向对象程序设计的思想和方法，使读者逐步掌握面向对象的相关技术。每一章，首先提出这一章要掌握的主要内容，便于读者清楚每一章的重点内容。C++语法格式的讲解与实例相结合，并在每一章的后面配有相应的练习题与上机练习题，便于读者更好地理解和掌握面向对象的基础知识。在有关章节讲解之后，配有相应的小项目实训，使读者更容易理解面向对象程序设计的思想在解决实际问题中的运用。

本书可以作为软件工程专业及相关专业的教材，对于使用面向对象技术的软件开发人员，也可以作为参考书。

图书在版编目(CIP)数据

面向对象程序设计：VC++/李志聪主编. --哈尔滨：哈尔滨工业大学出版社，2012.1
ISBN 978-7-5603-3450-9

Ⅰ.①面… Ⅱ.①李… Ⅲ.①C 语言-程序设计-高等学校-教材 Ⅳ.①TP312

中国版本图书馆 CIP 数据核字(2011)第 258537 号

策划编辑 王桂芝 赵文斌
责任编辑 王桂芝 段余男
出版发行 哈尔滨工业大学出版社
社 址 哈尔滨市南岗区复华四道街 10 号 邮编 150006
传 真 0451-86414749
网 址 http://hitpress.hit.edu.cn
印 刷 哈尔滨市石桥印务有限公司
开 本 787mm×1092mm 1/16 印张 16.75 字数 400 千字
版 次 2012 年 1 月第 1 版 2012 年 1 月第 1 次印刷
书 号 ISBN 978-7-5603-3450-9
定 价 32.00 元

高等学校“十二五”规划教材

计 算 机 软 件 工 程 系 列

◎序

Foreword

随着计算机软件工程的发展和社会对计算机软件工程人才需求的增长,软件工程专业的培养目标更加明确,特色更加突出。目前,国内多数高校软件工程专业的培养目标是以需求为导向,注重培养学生掌握软件工程基本理论、专业知识和基本技能,具备运用先进的工程化方法、技术和工具从事软件系统分析、设计、开发、维护和管理等工作能力,以及具备参与工程项目的实践能力、团队协作能力、技术创新能力和市场开拓能力,具有发展成软件行业高层次工程技术和企业管理人才的潜力,使学生成为适应社会市场经济和信息产业发展需要的“工程实用型”人才。

本系列教材针对软件工程专业“突出学生的软件开发能力和软件工程素质,培养从事软件项目开发和管理的高级工程技术人才”的培养目标,集9家软件学院(软件工程专业)的优秀作者和强势课程,本着“立足基础,注重实践应用;科学统筹,突出创新特色”的原则,精心策划编写。具体特色如下:

1. 紧密结合企业需求,多校优秀作者联合编写

本系列教材编写在充分进行企业需求、学生需要、教师授课方便等多方市场调研的基础上,采取了校企适度联合编写的做法,根据目前企业的普遍需要,结合在校学生的实际学习情况,校企作者共同研讨、确定课程的安排和相关教材内容,力求使学生在校学习过程中就能熟悉和掌握科学研究及工程实践中需要的理论知识和实践技能,以便适应就业及创业的需要,满足国家软件工程人才培养需要。

2. 多门课程系统规划,注重培养学生工程素质

本系列教材精心策划,从计算机基础课程→软件工程基础与主干课程→设计与实践课程,系统规划,统一编写。既考虑到每门课程的相对独立性、基础知识的完整性,又兼顾到相关课程之间的横向联系,避免知识点的简单重复,力求形成科学、完整的知识体系。

本系列教材中的《离散数学》、《数据库系统原理》、《算法设计与分析》等基础教材在引入概念和理论时,尽量使其贴近社会现实及软件工程等学科的技术和应用,力图将基本知识与软件工程学科的实际问题结合起来,在具备直观性的同时强调启发性,让学生理解所学的知识。

《软件工程导论》、《软件体系结构》、《软件质量保证与测试技术》、《软件项目管理》等软件工程主干课程以《软件工程导论》为线索，各课程间相辅相成，互相照应，系统地介绍了软件工程的整个学习过程。《数据结构应用设计》、《编译原理设计与实践》、《操作系统设计与实践》、《数据库系统设计与实践》等实践类教材以实验为主题，坚持理论内容以必需和够用为度，实验内容以新颖、实用为原则编写。通过一系列实验，培养学生的探究、分析问题的能力，激发学生的学习兴趣，充分调动学生的非智力因素，提高学生的实践能力。

相信本系列教材的出版，对于培养软件工程人才、推动我国计算机软件工程事业的发展将会起到积极作用。

王义和

2011 年 7 月

◎前 言

Preface

作为软件开发人员来讲,如何将实际的应用问题利用计算机很好地解决,一直是软件开发人员追求的目标。这取决于软件开发人员对实际问题的认知程度,取决于软件开发人员如何将问题解映射成为计算机软件的能力。随着计算机技术的发展,所涉及的应用领域越来越广泛,软件也越来越复杂。如何能更好地解决实际的问题,软件开发人员的程序设计思想起着决定作用。面向对象程序设计思想是20世纪90年代软件开发方法的主流程序设计思想,很容易将实际要解决的问题映射成为计算机软件,因此,面向程序设计思想是软件开发人员必须掌握的。在众多的面向对象设计语言中,C++受到了广泛的关注。

C++语言本身的目标是将优秀的C语言和面向对象理论整合在一起,提供给开发软件的程序员使用,C++是一个更好用的C。C语言开发的运行库函数可以不加改动地在C++语言环境中使用,达到了软件省时省力的重用。另外,C++支持面向对象的程序设计,使用C++编程,编程效率高;由于C++引入了面向对象技术和方法解决问题,因此C++对于问题更容易描述,程序更容易理解与维护;C++的模板对库代码的重用提供了支持;C++更有利于大型程序设计。C++支持面向对象的程序设计方法,特别适合于中型和大型的软件开发项目,从开发时间、费用到软件的重用性、可扩充性、可维护性和可靠性等方面,C++均具有很大的优越性。

本书以Microsoft公司开发的Visual C++ 6.0为蓝本,讲述基本的面向对象的程序设计思想。本书是软件工程专业系列教材,定位于有一定C语言基础的初学者,对于有经验的教师、科技工作者本书也具有参考价值。本书适合作为大学本科(或大专)计算机专业和其他理工科专业C++程序设计教材。通过本书的学习可以达到如下的目标:

1. 重点掌握C++语言的语法,理解和掌握面向对象程序设计的思想与方法。
2. 能够灵活地运用C++语言提供的语法手段解决简单的实际问题。
3. 全方位掌握面向对象编程技术。

本书融入作者多年教学经验的积累,并在实践中不断完善与创新,形成了特有的体系。内容由浅入深,重点、难点分明,从VC++实际开发中工程文件的组织方法来讲解书中的各个实例,并配有相关的上机实习题,初学者很容易上手。书中各章均有小结、练习题与上机实习题。书中所有示例均在Microsoft Visual C++ 6.0环境中运行通过,为使读者阅读方便,特在重点、难点处加以注释。

本书由哈尔滨师范大学李志聪、东北石油大学富宇、哈尔滨理工大学王春英共同编写。其中李志聪任主编,富宇、王春英任副主编。具体编写分工如下:

第1~3章及第12章由哈尔滨师范大学李志聪编写,第4~7章由哈尔滨理工大学王春英编写,第8~11章由东北石油大学富宇编写,最后由李志聪统稿。作者水平有限,本书不足之处,敬请读者指正。

编 者

2011年8月

◎目 录

Contents

目录 Contents

第1章 Visual C++概述

学习目标：了解面向对象程序设计思想的产生；了解面向对象的基本概念；了解C++语言的特点；掌握利用Visual C++6.0创建工程文件的操作过程，编辑和运行工程的操作方法。

1.1 面向对象程序设计思想

1.1.1 面向对象程序设计思想产生的背景

C程序设计采用的是结构化设计思想的语言，然而随着计算机技术的不断发展和实际的软件开发要解决的问题，结构化思想出现了明显的问题，主要体现在软件重用、软件可维护性和用户动态需求上。

1. 软件重用性

软件重用性是指同一事物不经修改或稍加修改就可多次重复使用的性质，这是软件工程追求的目标之一。

2. 软件可维护性

软件工程强调软件的可维护性，强调文档资料的重要性，规定最终的软件产品应该由完整、一致的配置成分组成。在软件开发过程中，始终强调软件的可读性、可修改性和可测试性，这是软件重要的质量指标。

3. 用户动态需求

用户需求是软件开发的重要前提。尽管在软件开发的初始阶段，都要为用户进行详细的需求分析，然而实际开发过程中，用户的需求是动态变化的。用户的需求产生变化的原因很多，如：用户不清楚软件的具体需求；用户的描述可能不精确，可能有二义性等。

用结构化方法开发的软件，其可重用性和可维护性都比较差，这是因为结构化方法的本质是功能分解，从代表目标系统整体功能的单个处理着手，自顶向下不断把复杂的处理分解为子处理，这样一层一层地分解下去，直到仅剩下若干个容易实现的子处理功能为止，然后用相应的工具来描述各个最低层的处理。因此，结构化方法是围绕实现处理功能的“过程”来构造系统的。在实际的软件开发过程中，用户的需求是经常改变的，而用户需求的变化大部分是针对功能的，因此这种变化对于基于过程的设计来说是灾难性的。用这种方法设计出来的系统结构常常是不稳定的 ，用户需求的变化往往造成系统结构的较大变化，从而需要花费很大代价才能实现这种变化。

因此，设计人员便寻求通过一种新程序设计思想来解决上述问题，面对对象的程序设计

(Object Oriented Programming)思想便诞生了。与传统的面向结构化程序设计思想不同,面向对象的程序设计和问题的求解更符合人们日常自然的思维习惯,因而面向对象程序设计方法不断被软件开发人员接受。

面向对象的程序设计最早起源于20世纪60年代末挪威的K. Nyguard等人推出的编程语言Simula 67,在该语言中引入了数据抽象和类的概念。但真正为面向对象程序设计奠定基础的是由Alan Keyz主持推出的Smalltalk语言,1981年由Xerox Learning Research Group所研制的Smalltalk-80系统,全面地体现了面向对象程序设计语言的特征。

1.1.2 面向对象的基本概念

1. 对象(Object)

面向对象程序设计是一种围绕真实世界的概念来组织模型的程序设计方法,它采用对象来描述问题空间的实体。对象是人们要进行研究的任何事物,从最简单的整数到复杂的飞机等均可看作对象,它不仅能表示具体的事物,还能表示抽象的规则、计划或事件。对象具有状态,一个对象用数据值来描述它的状态。对象还有操作,用于改变对象的状态,操作就是对象的行为。对象实现了数据和操作的结合,使数据和操作封装于对象的统一体中。我们利用计算机解决的实际问题,可以看做是一个或很多个对象,按一定的规则组合在一起,利用它们可以使用的行为及特定的属性,共同完成系统的各项功能。

例如,学生成绩管理系统中,我们可以认为,学生甲、学生乙、教师甲、管理员甲,数据结构课程、C++课程等都是对象。学生甲有姓名为“张三”、学号为“2010000001”,数据结构的成绩为89等的属性,当然也可以有学生的身高、体重等,但身高和体重属性是与学生成绩管理系统无关的属性,可以不考虑。学生甲有查询学生成绩的操作,教师有录入、编辑学生成绩的操作。

2. 类(Class)

具有相同或相似性质的对象的抽象就是类。因此,对象的抽象是类,类的具体化就是对象,也可以说类的实例是对象。

类具有属性,它是对象的状态的抽象,用数据结构来描述类的属性。

类具有操作,它是对象的行为的抽象,用操作名和实现该操作的方法来描述。

例如,学生成绩管理系统中,所管理的主要对象是学生,学生有具体的姓名、学号、各科成绩,因此认为学生是系统的可用对象,可抽象成为学生类,每个对象姓名、学号、各科的名称可抽象成为学生类的数据成员,对学生成绩的查询也抽象成对应类的成员函数。在系统实现时,首先定义学生类,对应的每一个学生对象对应一个学生类的实例。这一生成实例的过程类似C语言的结构体的使用过程,先定义结构体的类型,再生成结构体类型的变量。

3. 封装(Encapsulation)

封装就是将抽象得到的数据和行为(或功能)相结合,形成一个有机的整体,也就是将数据与操作数据的源代码进行有机的结合,形成“类”,其中数据和函数都是类的成员。

封装的目的是增强安全性和简化编程,使用者不必了解具体的实现细节,而只是要通过外部接口特定的访问权限来使用类的成员。

4. 消息(Message)

消息是一个对象向另一个对象传递的信息。消息的使用类似于函数的调用,消息中指定了接收消息的对象、操作名和参数表(如果需要)。接收消息的对象执行消息中指定的操作,软件系统功能的实现就是一组对象通过执行相互之间的消息来完成的。一个对象的消息对应类的定义时声明的成员函数。

5. 继承(Inheritance)与派生(Derived)

继承是指这样一种能力:它可以使用现有类的所有功能,并在无需重新编写原来的类的情况下对这些功能进行扩展。通过继承创建的新类称为"子类"。从现有类来讲,生成子类的过程称为派生,因此也叫"派生类"。被继承的类称为"基类"、"父类"或"超类"。继承的过程,就是从一般到特殊的过程,这一过程大大提高了软件开发的效率,使得程序员只考虑主要的功能处理就可以了。比如利用 Visual C++ 6.0(简称 VC++6.0)开发 Windows 应用程序时,可以直接继承系统提供的对话框类或窗口类之后,主要关注程序功能的开发,而不用过多在定义对话框或窗口上花费更多的精力,大大地提高了软件开发的效率。

6. 多态性(Polymorphisn)

多态性是允许将父对象设置成为和一个或更多的它的子对象相关的技术,赋值之后,父对象就可以根据当前赋值给它的子对象的特性以不同的方式运作。简单地说,就是允许将子类类型的指针赋值给父类类型的指针。

实现多态的方式是覆盖。覆盖,是指子类重新定义父类的虚函数的做法。当子类重新定义了父类的虚函数后,父类指针根据赋给它的不同的子类指针,动态地调用属于子类的该函数,这样的函数调用在编译期间是无法确定的。因此,这样的函数地址是在运行期绑定的,从而实现运行时的多态性。

7. 重载(Overloading)

重载,是指允许存在多个同名函数,而这些函数的参数表不同(或许参数个数不同,或许参数类型不同,或许两者都不同)。

其实,重载的概念并不属于"面向对象编程",重载的实现是编译器根据函数不同的参数表,对同名函数的名称做修饰,然后这些同名函数就成了不同的函数。对于重载函数的调用,在编译器编译时就已经确定了,是静态的。

1.2 C++语言的产生和特点

1.2.1 C++语言的产生

C 语言之所以要起名为"C",是因为它主要参考一门叫 B 的语言,它的设计者认为 C 语言是 B 语言的进步,所以就起名为 C 语言;但是 B 语言并不是因为之前还有 A 语言,而是 B 语言的作者为了纪念他的妻子,他的妻子名字的第一个字母是 B; 当 C 语言发展到顶峰的时刻,出现了一个版本叫 C with Class,那就是 C++最早的版本,在 C 语言中增加 class 关键字和类,当时有很多版本的 C 都希望在 C 语言中增加类的概念;后来 C 标准委员会决定为这个版本的 C 起个新的名字,征集了很多种名字,最后采纳了其中一个人的意见,以 C 语言中的++运算符来体现它是C语言的进步,故而叫C++,并成立了C++标准委员会。

一开始C++是作为C语言的增强版出现的,从给C语言增加类开始,不断地增加新特性。虚函数(virtual function)、运算符重载(operator overloading)、多重继承(multiple inheritance)、模板(template)、异常(exception)、命名空间(name space)逐渐被加入标准。1998年,国际标准组织(ISO)颁布了C++程序设计语言的国际标准ISO/IEC 1488—1998。C++语言是具有国际标准的编程语言,通常称作ANSI/ISO C++。1998年是C++标准委员会成立的第一年,以后每5年视实际需要更新一次标准,目前我们一般称该标准C++0x,但是由于对于新特性的争端激烈,除了在Technical Report 1(tr1)中的新增修改被基本确定外,完整的标准还遥遥无期。况且遗憾的是,由于C++语言过于复杂,以及经历了长年的演变,直到现在都没有一个编译器完全符合这个标准。因此也衍生了很多C++语言的不同版本。

如同它的名字表达的那样,C++语言是C语言的一个超集,它是一门混合型的语言,既支持传统的结构化程序设计,又支持面向对象的程序设计,这是C++语言成功流行的一个重要原因。目前,最符合和接近C++标准的编译器有GNU GCC 4.5.0和Visual Studio 2010等。

1.2.2 C++语言的特点

C++语言的主要特点有两个方面:全面支持C语言与面向对象。

C++语言从C语言发展而来,保持了C语言的简洁、高效和在某些操作上沿用了汇编语言指令的特点。同时,对C语言的类型进行了系统的改革和扩充,堵塞了C语言中的许多漏洞,C++语言编译提供了更好的类型检查和编译时的分析,能检查出更多的类型错误。C++语言改善了C语言的安全性,比C语言更安全。

由于C++语言保持与C语言兼容,这就使许多代码不经修改就可在C++语言编译器下通过,用C语言编写的众多库函数和实用软件可方便地移植到C++语言中。因此,使用C语言的程序员能很快学会C++语言,使用C++语言进行编程。另外,用C++语言编写的程序可读性好,代码结构更为合理。

C++语言的最重要特点是支持面向对象的程序设计,使用C++语言编程,编程效率高;由于C++语言引入了面向对象的技术和方法,因此C++对于问题更容易描述,程序更容易理解与维护;C++语言的模板对库代码的重用提供了支持;C++语言更有利于大型程序设计。C++语言支持面向对象的程序设计方法,特别适合于中型和大型的软件开发项目,从开发时间、费用到软件的重用性、可扩充性、可维护性和可靠性等方面,C++语言均具有很大的优越性。

C++语言是一种支持多种程序设计方法的语言,提供对过程化和基于对象的程序设计方法的支持,适合于使用不同开发方法的编程人员。

1.3 Visual C++ 6.0 开发环境概述

C++语言版本较多,VC++6.0是微软(Microsoft)公司开发的软件,在软件开发时应用较多,并与Windows操作系统完全兼容。本书就以VC++6.0为蓝本,介绍面向对象的程序设计知识。

1.3.1　Visual C++ 6.0 简介

VC++6.0 是 Microsoft 公司推出的一个基于 Windows 系统平台、可视化的集成开发环境，它的源程序按 C++语言的要求编写，并加入了微软提供的功能强大的 MFC(Microsoft Foundation Class)类库。MFC 中封装了大部分 Windows API(Application Programming Interface，应用程序编程接口)函数和 Windows 控件，它包含的功能涉及到整个 Windows 操作系统。MFC 不仅给用户提供了 Windows 图形环境下应用程序的框架，而且还提供了创建应用程序的组件，这样，开发人员不必从头设计、创建和管理一个标准 Windows 应用程序，而是从一个比较高的起点编程，故节省了大量的时间。另外，它提供了大量的代码，引导用户，从而简化了开发的流程。因此，使用 VC++6.0 提供的高度可视化的应用程序开发工具和 MFC 类库，可使应用程序开发变得简单。

1.3.2　第一个 Visual C++程序

计算机系统中只有安装 VC++6.0，才可以正常使用 VC++6.0 进行编程操作。VC++6.0 将开发项目所需要的文件整合到一起来管理，这个文件就是工程文件。因此要想利用 VC++6.0 编写程序，首先要建立工程文件。下面我们就做一个实例，完成输出“Hello VC++6.0!”的一个程序。通过这个程序要掌握在 VC++6.0 下建立“Win32 Console Application”工程文件的方法，掌握工程文件的编辑、编译、运行的方法。从第 1 章到第 10 章，所有示例中所建的工程文件均是“Win32 Console Application”类型的工程，所以一定要掌握以下所述操作的过程。

(1)单击“开始|所有程序|Microsoft Visual Studio 6.0|Microsoft Visual C++ 6.0”，打开“Microsoft Visual C++”应用程序窗口，如图 1.1 所示。

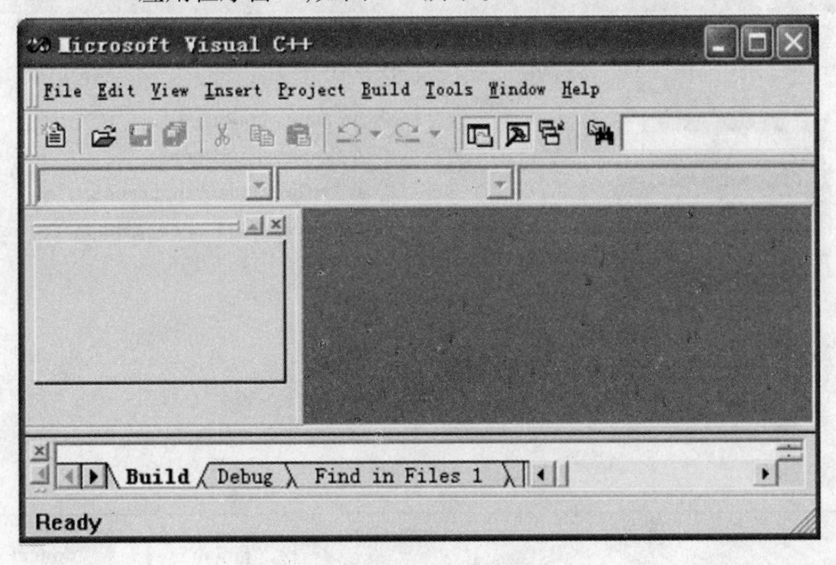

图 1.1　VC++6.0 应用程序窗口

(2)单击“File|New”或按下组合键“Ctrl+N”，打开“New”对话框，如图 1.2 所示。利用这个对话框可创建 VC++6.0 项目中所需要的文件。

(3)单击“Projects”选项卡，这个选项卡中列出了 VC++6.0 可以创建的工程种类。在列表框中选择“Win32 Console Application”选项，在“Project Name”文本框中输入“HelloVC”，作为工

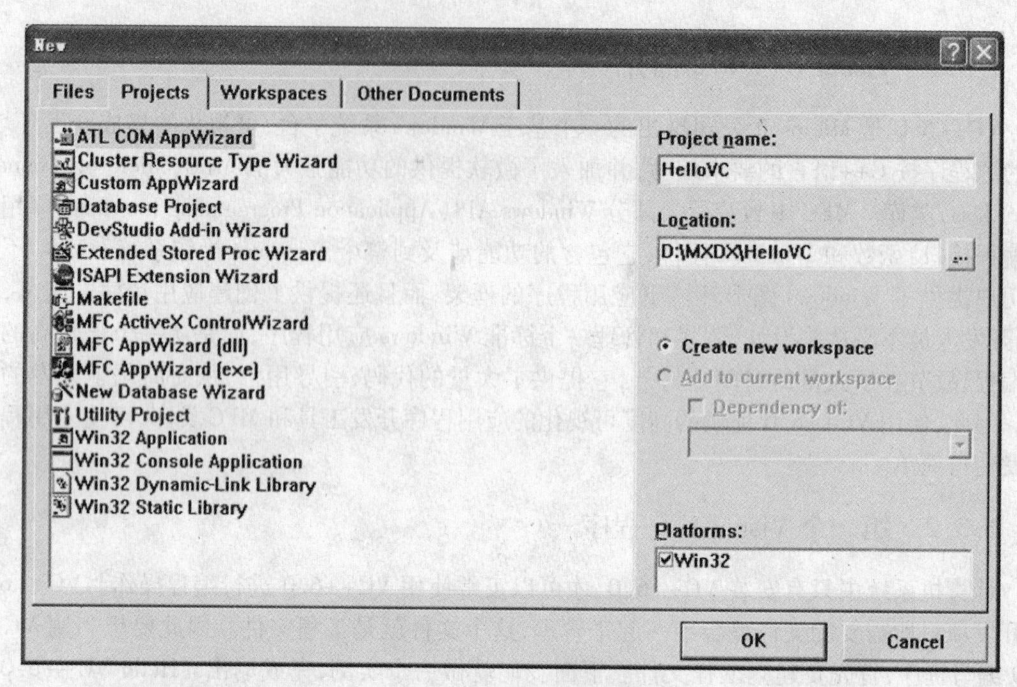

图 1.2 新建工程对话框

程文件的文件名。在“Location”文本框中输入路径或单击后面的按钮进行选择路径,确定工程文件的存放位置。选择“Create new workspace”单选按钮,单击“OK”按钮,打开“Win32 Console Application-step 1 of 1”对话框,如图 1.3 所示。

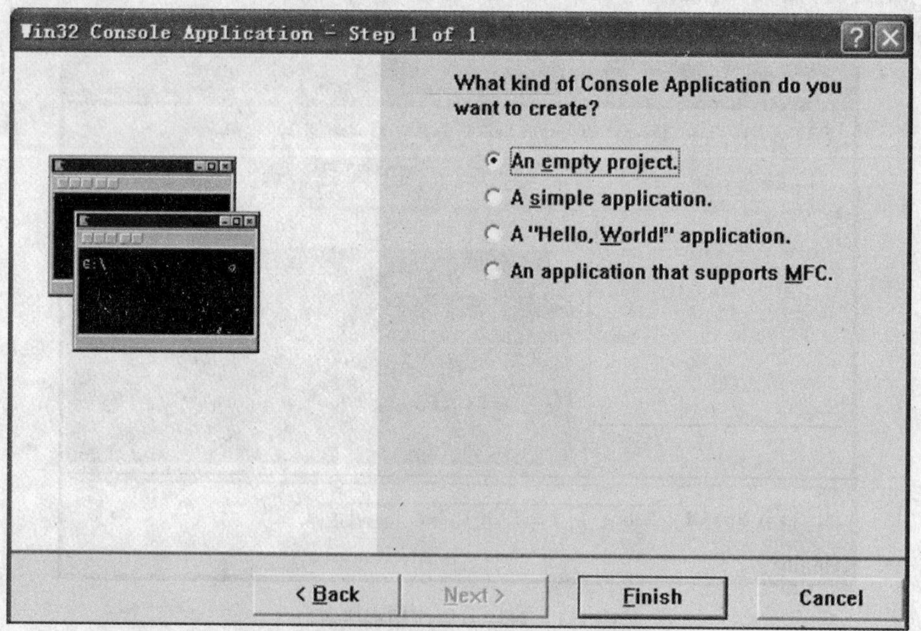

图 1.3 新建工程对话框 Step 1

(4)有 4 个单选按钮,可以选择工程的类型。选择“An empty project”单选按钮,单击“Finish”按钮,会打开“New Project Information”对话框,显示要建的新项目的基本信息,单击“OK”按钮,新建一个空白的工程文件。还需要继续在工程中添加相应的文件,本例添加一个

HelloVC. cpp文件。

(5)单击“File|New”或按下组合键“Ctrl+N”,打开“New”对话框,选择“files”选项卡,如图 1.4 所示。

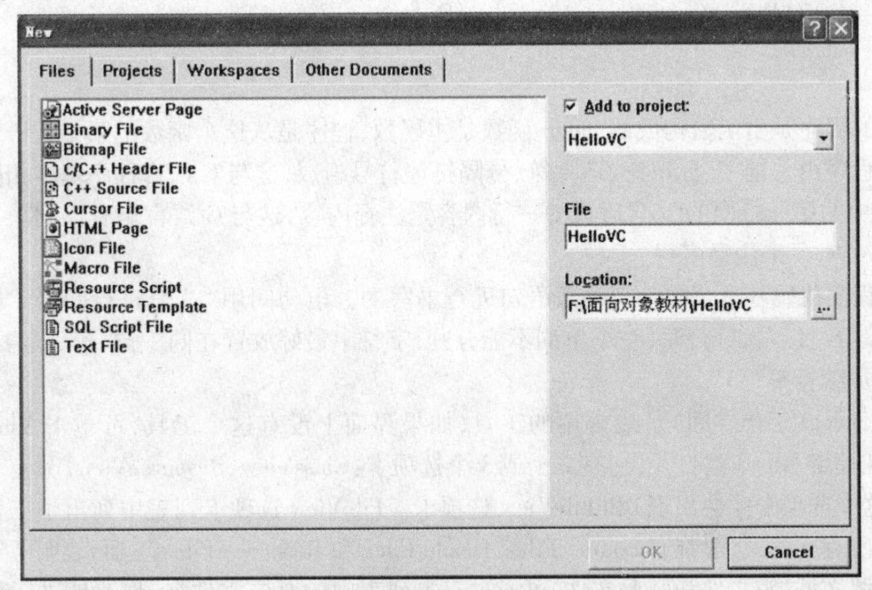

图 1.4　新建文件对话框

“file”选项卡中列出了在 VC++6.0 工程文件里可以添加的文件,如头文件,源文件等。选择“C++ Source File”表示选择要添加 cpp 文件,在“File”文本框中输入源文件名 HelloVC(可以不用输入扩展名),单击 OK 按钮,返回操作的主界面。接下来可以在 VC++6.0 的应用程序窗口中进行工程文件的管理、编辑,工程的编译、运行和调试等的操作,具体界面及标识如图 1.5所示。

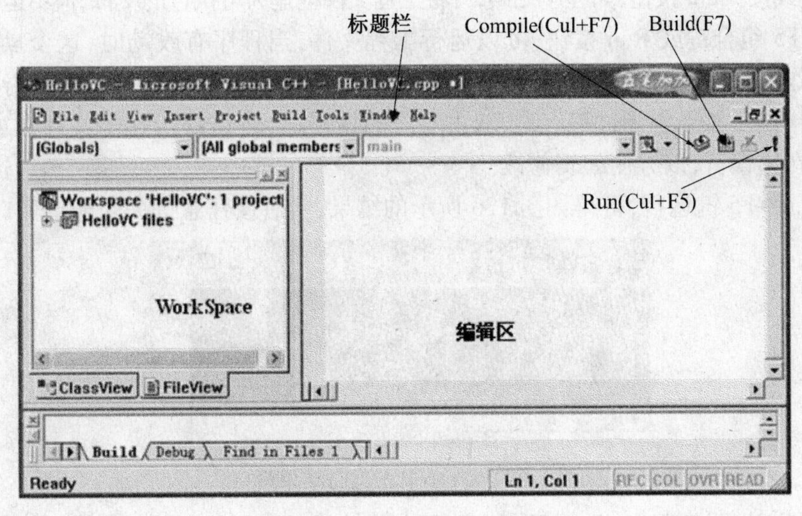

图 1.5　VC++6.0 的操作主界面

在右侧的文档编辑窗口中,列出的是 HelloVC. cpp 文件的内容,在编辑区的空白处输入如下内容。

```
#include <stdio.h>          //这个在 VC++6.0 中必须写,不能省略
int main( )
{
    printf( "Hello VC++6.0! \\n" );
    return 0;
}
```

C++的程序是由函数构成的,main 函数是主函数,程序是从这个函数的第一条语句开始执行。C++程序由关键字、标识符、运算符、分隔符等符号组成,这与 C 语言程序基本相同。

程序中的第一行中的“//”后边的一行内容是注释内容,这与 C 语言略有不同。当然也可以用“/ * … * /”来注释多行。

C++程序代码基本是按一行一条语句进行书写的。语句间用“;”号进行间隔。如果语句过长,可以分行续写,分行时,一个单词不能分开,字符串最好放置在同一行,若一定要分开,可以在行尾加续行符“\\”。

WorkSpace(工作空间)是最常用的工具,如果界面上没有这个工具,可单击 View|WorkSapce 或快捷键 Alt+0 键打开,它有 2 个或 3 个选项卡:ClassView、ResourceView(只有工程中定义了类,这个选项卡才会出现)和 FileView 选项卡。FileView 选项卡列表中列出了工程文件中所包含的所有文件,一般都有 Source Files、HeaderFiles 和 Resource Files 三项,表明了工程文件所包括的源文件、头文件和资源文件,可通过双击列表中的对应文件名,快速地进行相关文件的浏览和编辑工作。ClassView 选项卡中可列出工程文件中所包括的类,通过这个列表可对类的内容进行编辑。本例中不包括任何类,第 4 章之后,会用到这个列表对类进行编辑和修改操作。如果程序中使用了一些其他的资源,比如对话框、位图等,WorkSpace 会多一个选项卡 ResourceView,这个选项卡会在第 11 章和第 12 章用到,利用它可以编辑相应的资源。

按 Ctrl+F7 组合键或按 Compile 按钮,可对工程进行编译操作。

按 F7 键或按 Build 按钮,如程序无误,可将工程文件创建为可执行的文件,但不运行程序。

按 Ctrl+F5 组合键或 Run 按钮,可以运行工程文件,当程序有改动时,这个操作会进行编译和创建工作,无误后运行程序。若程序有误,会在 Output 子窗口中提示哪一行有编译错误或有连接的错误。如果编译过程有误,双击对应的错误,会将错误所在的文件在窗口打开,并将光标停留在错误行,以方便编辑修改。

(6)按 Ctrl+F5 键运行,可得如图 1.6 所示的结果,然后按任意键关闭输出窗口。

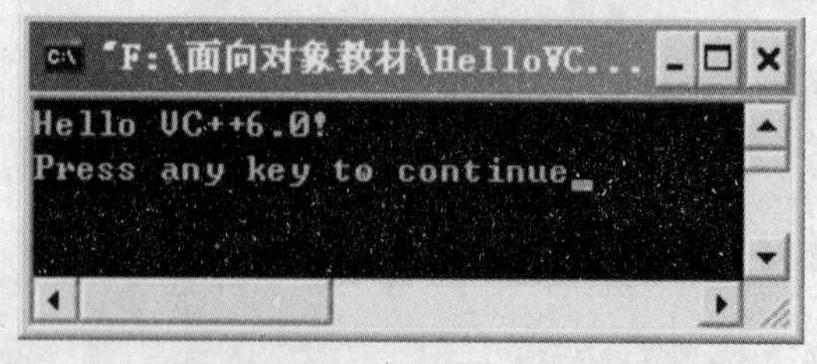

图 1.6 VC++6.0 的运行结果窗口

注意 若要编写新程序,要将现有的工程文件关掉,然后创建新的工程文件。关闭的方法是单击 File |Close WorkSpace,若工程文件尚有未保存的文件,会提示用户是否保存,若工程文件都已保存,会直接关闭工作空间。对于文件的保存,若工程文件运行时会自动保存,也可以单击 File|Save(Ctrl+S)、File|Save As…或 Save All 进行文件的保存操作。

小　结

本章简单介绍了面向对象的基本概念,让我们对面向对象的概念有了一个基本的认识,这不同于传统的面向过程编程时的概念,要转换编程时考虑问题的方法,以对象为基础。这是一个设计思想的转变,需要一定的过程。对于 VC++6.0 的基本操作要熟悉,尤其是课后的上机练习题一定要多研究几遍,如何编辑、调试和运行程序都是十分重要的。

练习题

1. C 语言与 C++语言有何区别?

2. 谈谈你对面向对象的基本概念的理解。

上机实习题

实习目的:练习 VC++6.0 开发集成环境调试功能的使用,了解工程文件,体会面向对象程序设计思想与面向过程的程序设计思想的区别。

1. 下面来练习使用 VC++6.0 集成环境的调试功能,这是软件开发人员分析程序是否正确和找出程序功能错误的最主要办法。

在 VC++6.0 的集成环境下可以很方便地调试程序,表 1.1 列出了调试的常用组合键。

表 1.1　VC++6.0 集成环境常用的组合键

组合键	功　能
F9	在插入点所在的行增加/删除断点
F5	运行程序或从当前语句开始恢复程序执行
F11	执行下一条语句,包括函数中的语句(Step into)
F10	执行下一条语句,不执行函数中的语句(Step over)
Shift+F11	运行程序到当前函数外的第一条语句
Shift+F9	打开 QuickWatch 对话框迅速查看值
Shift+F5	结束调试对话
Ctrl+F10	运行程序并在插入点位置中断(运行到光标处)
Ctrl+Shift+F5	从头开始运行程序
Ctrl+Shift+F10	跳到插入点位置,不执行中间语句
Ctrl+B	打开 Breakpoints 对话框设置断点

练习步聚如下:

(1)建立一个“Win32 Console Application”空的工程文件,工程文件名为“Example1”。添加 Example. cpp,并输入程序内容。这个程序功能是将 10 个数从小到大排序并输出。

程序的内容如下:

```
#include <stdio.h>
#define N 10
void Sort(int [],int);
void Show(int [],int);
void Input(int [],int);
int main( )
{
  int a[N];
  Input(a,N);
  printf("没排序之前的数据:\n");
  Show(a,N);
  Sort(a,N);
  printf("排序之后的数据:\n");
  Show(a,N);
  return 0;
}
void Sort(int a[],int n)
{
  int i,j,temp;
  for(i=0;i<n-1;i++)
    for(j=0;j<n-i-1;j++)
    if(a[j]>a[j+1])
    {temp=a[j];a[j]=a[j+1];a[j+1]=temp;}
}
voidInput(int a[],int n)
{
  printf("请输入10个无序整数:");
  for(int i=0;i<n;i++)
  scanf("% d",&a[i]);
}
void Show(int a[],int n)
{
  for(int i=0;i<n;i++)
  printf("% d  ",a[i]);
  printf("\n");
}
```

(2)将光标定位在 main 函数中的 printf("没排序之前的数据:\n");语句上。按功能键 F9 或单击 Build 工具栏上的"Insert/Remove BreakPoint(F9)"按扭,如图 1.7 所示。这样在这行设置了一个断点,在调试程序时,程序在执行这行代码之前暂停运行。

注意 再次按 F9 键或单击 Build 工具栏上的"Insert/Remove BreakPoint(F9)"按扭,删除断点。

(3)按 F5 或单击 Build 工具栏上的"Go(F5)"按扭,程序在调试器上运行,执行到设置断

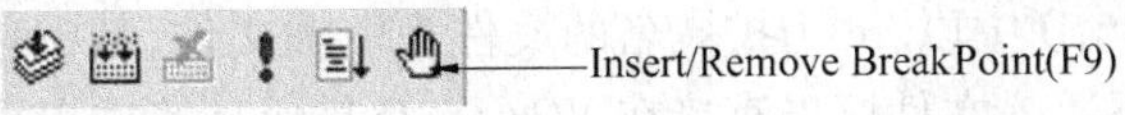

Insert/Remove BreakPoint(F9)

图 1.7　Build 工具栏

点处暂停运行。此时,用户可以查看变量值,分析程序的执行过程,可以一条一条地运行程序的语句,进行程序的调试和分析。这时,屏幕上会打开 Watch 窗口,如图 1.8 所示,如果没有 Watch 窗口,可以选择 View | Debug Windows | Watch 命令或按 Alt+3 或单击 Debug 工具栏上的 Watch 按钮。可单击 Watch 窗口中顶部的左侧矩形区域,输入 a,按 Enter 键。Watch 窗口左侧显示 a 变量的地址,点击 a 左边的+号,可以浏览数组中的值。利用 Watch 还可以改变变量的值,以便分析方便。方法是双击对应的变量,输入新值即可。

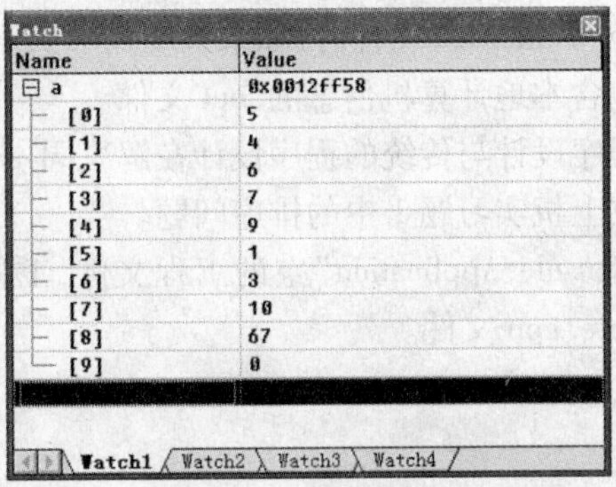

Name	Value
a	0x0012ff58
[0]	5
[1]	4
[2]	6
[3]	7
[4]	9
[5]	1
[6]	3
[7]	10
[8]	67
[9]	0

Watch1　Watch2　Watch3　Watch4

图 1.8　Watch 窗口

(4)按 F10 可单步执行代码(按一次执行一行)或按 F11 执行时进入函数内部,按一次执行一条语句。

(5)按 F5 或单击 Build 工具栏上的"Go(F5)"按扭恢复程序的执行。如果程序还有断点,还可以进行调试,如果没有断点,程序运行直到完成。

(6)单击"file | Save Workspace"选项,可保存工程中所有文件的内容。单击"file | Open Workspace"选项,可打开已存在的工程。单击"file | Close Workspace"选项,可关闭工程,但不结束 VC++6.0 集成环境。

(7)打开工程文件所在的目录,VC++6.0 为每一个工程建立一个文件夹,这个文件夹与工程文件同名。在文件夹下,可以看到有很多文件和一个名为 Debug 的文件夹,Debug 文件夹下也有一些文件,其中有一个是.exe 文件,为可执行文件。每个文件都代表不同的含义,其文件的含义是通过文件的扩展名来体现的。由于 VC++6.0 可以创建很多种工程文件,因此文件也不尽相同,有些文件是我们必须要知道的,如.h 文件是头文件,.cpp 文件是源文件,有些是系统自动生成的,不需要我们管理。下面列出一些文件扩展名所代表的含义,请仔细看一下你的工程文件中有哪些,明确它们的含义。

.dsw 文件,此类型文件在 VC++6.0 中是级别最高的,称为 Workspace 文件。

readme.txt 文件,每个应用程序都有一个此类型文件,文件中列出了应用程序中用到的所有文件的信息,打开并查看其中的内容就可以对应用程序的文件结构有一个基本的认识。

.h 文件,这种文件为头文件,包含的主要是类的定义。

.cpp 文件,这种文件为源文件,该种文件包含的主要是类成员函数的实现代码。一般来说,h 为扩展名的文件和 cpp 为扩展名的文件是一一对应配合使用的。

.rc 文件,在 VC++6.0 中以.rc 为扩展名的文件为资源文件,其中包含了应用程序中使用的所有的 Windows 资源,.rc 文件可以直接在 VC++6.0 集成环境中以可视化的方法进行编辑和修改。

.obj 文件,是编译过程中产生的目标文件。

.dsp 文件,在 VC++6.0 中,应用程序是以工程的形式存在的,Project 文件的扩展名为.dsp,在 Workspace 文件中可以包含多个 Project,由 Workspace 文件对它们进行统一的协调和管理,每个工程都对应一个.dsp 文件。

.opt 文件,与 dsw 类型的 Workspace 文件相配合的一个重要的文件。这个文件中包含的是 Workspace 文件中要用到的本地计算机的有关配置信息,所以这个文件不能在不同的计算机上共享。当我们打开一个 Workspace 文件时,如果系统找不到需要的.opt 类型文件,就会自动地创建一个与之配合的包含本地计算机信息的.opt 文件。

2. 体会一下面向对象程序设计与传统的程序设计在解决同一问题上的差别。练习的内容是利用面向对象的方法解决上机实习题 1 中的排序问题。

(1)建立一个"Win32 Console Application"空的工程文件,工程文件名为"Example2"。添加 Sort.h、Sort.cpp 和 Example.cpp 文件。

(2)在 Sort.h 文件中输入如下内容:

```
#define N 10
class Sort
{
private:
int a[N];
public:
Input();
Process();
Show();
};
```

(3)在 Sort.cpp 文件中输入如下内容:

```
#include "sort.h"
#include <stdio.h>
Sort::Input()
{
    printf("请输入 10 个无序整数:");
for(int i=0;i<N;i++)
      scanf("%d",&a[i]);
}
Sort::Show ()
{
for(int i=0;i<N;i++)
printf("%d ",a[i]);
printf("\n");
}
```

```
Sort::Process ( )
{
int i,j,temp;
for(i=0;i<N-1;i++)
for(j=0;j<N-i-1;j++)
if(a[j]>a[j+1])
{temp=a[j];a[j]=a[j+1];a[j+1]=temp;}

}
```

(4)在 Example. cpp 文件中输入如下内容：

```
#include "Sort. h"
#include <stdio. h>
int main( )
{
Sort s1;
s1. Input ( );
printf("没排序之前的数据:\n");
s1. Show ( );
s1. Process( );
printf("排序之后的数据:\n");
s1. Show ( );
return 0;
}
```

(5)调试运行程序。

(6)体会在 main 函数中的语句与上机实习题 1 中 main 函数中的语句的区别。这个练习中,定义了一个 Sort 类,将要处理的数据和操作都封装到 Sort 类里,在 main 函数中生成了一个实例即对象 s1,对 s1 数据的输入、排序和输出都是通过消息函数来完成的。这样做可以保证在 main 函数中只能通过对象的消息函数对数据进行操作,而不能通过对象直接操作数据。在上机实习题 1 中也能完成相应的功能,但实现的思想不同。体会两种设计思想之间的区别。

第2章 从 C 到 C++

学习目标：掌握 C++的基础知识，包括 C++的数据类型、常量与变量、运算符、表达式、基本的控制结构、数据的输入与输出。

本章主要介绍 C++的数据类型、常量与变量、运算符、表达式、基本的控制结构、数据的输入与输出等基础知识，很多与 C 相同的地方本书没有介绍，只是介绍了 C++增加的功能。只有掌握了 C++的基础知识，才能更好地利用 C++解决实际问题。

2.1 C++的关键字与标识符

C++的关键字和保留字比 C 语言的要多一些，这些关键字和保留字不能用作程序中的标识符，下面就是 Visual C++中的关键字和保留字清单：

auto	bad _ cast	bad _ typeid	bool	break
case	catch	char	class	const
const _ cast	continue	default	delete	do
double	dynamic _ cast	else	enum	explicit
extern	false	float	for	friend
goto	if	inline	int	long
mutable	namespace	new	operator	private
protected	public	register	reinterpret _ cast	return
short	signed	sizeof	static	static _ cast
struct	switch	template	this	throw
true	try	typedef	typeid	typename
union	unsigned	using	virtual	void
volatile	while			

2.2 C++的数据类型

数据类型描述了数据实体的特性，包括值、内存空间大小等信息。每个类型实体所占的内存空间大小是不同的，对应的取值范围也不同。C++的数据类型包括基本数据类型和复合数据类型。基本数据类型有布尔型（bool）、整型（int）、浮点型（float 和 double）、无类型（void）、字符型(char)等;对于字符型和整型数据又分为无符号(unsigned)和有符号(signed)数据类型;复合类型包括数组(array)、结构体(struct)、联合体(union)、枚举(enum)、类(class)等。

2.2.1　基本数据类型

1. C++提供的基本数据类型

C++提供可以使用的基本数据类型如表 2.1 所示。

表 2.1　基本数据类型及取值范围

类　型	说　明	字　节	取值范围
bool	布尔型	1	false(0)和 true(1)
char	字符型	1	-128 ~ 127
unsigned char	无符号字符型	1	0 ~ 255
signed char	有符号字符型	1	-128 ~ 127
int	整型	4	$-2^{31} \sim 2^{31}-1$
unsigned int	无符号整型	4	$0 \sim 2^{32}-1$
signed int	有符号整型	4	$-2^{31} \sim 2^{31}-1$
short (int)	短整型	2	-32 768 ~ 32 767
signed short (int)	有符号短整型	2	-32 768 ~ 32 767
unsigned short (int)	无符号短整型	2	0 ~ 65 535
long (int)	长整型	4	$-2^{31} \sim 2^{31}-1$
unsigned long (int)	无符号长整型	4	$0 \sim 2^{32}-1$
signed long (int)	有符号长整型	4	$-2^{31} \sim 2^{31}-1$
float	浮点型	4	-3.4E-38 ~ 3.4E+38
double	双精度浮点型	8	-1.7E-308 ~ 1.7E+308

2. bool 数据类型

bool 数据类型的值只能为 false 和 true,bool 值作整数运算的时候,false 转为 0,true 转为 1。任何其他数据类型转为 bool 的时候,零转为 false,非零转为 true。

因此,下面的代码。

```
bool b = (bool)6;
int a = b;
```

b 的值为 true,a 的值为 1。

从其他数据类型转为 bool 类型会带来一定的效率损失,VC++6.0 会产生警告,这样写就可以避免这样的警告:

```
bool b = (6 ! = 0);
```

bool 在 C++中可以参加函数的重载,这是 C++中引入 bool 类型的一个重要原因。但 C++没有规定 bool 类型的宽度,只规定能放得下 0 和 1 两个值就可以,VC++6.0 中 bool 类型的数据占一个字节。

2.2.2 复合数据类型

复合数据类型包括数组、结构体、联合体、枚举、类等。除了类的类型与 C 语言不同之外，其他的复合数据类型与 C 语言的基本相同，不再赘述，类的类型将在第 4 章详细介绍。

2.3 C++的变量与常量

2.3.1 变量

变量是指在程序的运行过程中随时可以发生变化的量。对变量值的存取一般通过变量名进行操作。变量名的命名规则，不能使用关键字和保留字。命名规则是以字母或下画线开头，包含字母、数字和下画线的字符组合。对于字母区分大小写，如变量 X 和 x 是不同的。

C++中变量声明的位置不像 C 程序那样严格，只要在该变量首次引用之前声明即可。如下段程序在 C++中是允许的：

```
printf("**************! \n");
int a=5;
printf("%d\n",a);
```

C++中引入了作用域操作符“::”，当内部变量与外部变量同名时，在内部变量的作用域内，内部变量掩盖了外部变量，但能通过作用域操作符对外部变量进行操作。

【例 2.1】 作用域操作符。

```
//2_1.cpp
#include <stdio.h>
int a=9;
int main()
{
    int a=8;
    printf("%d",::a);//输出的值是外部变量 a 的值“9”
    return 0;
}
```

2.3.2 常量

C++中除了可以使用 C 语言中提到的常量外，还可以用 const 关键字定义存放常数的变量。定义的格式如下：

const 类型 变量名=表达式；或 类型 const 变量名=表达式；

用 const 变量时，一定要将它初始化，不能通过赋值改变其数值。下例显示了 const 类型的合法和非法操作。

```
const double cd = 2.5;
double d;
d=cd;          //这是正确的引用
cd=5.0;        //错误，不能改变常变量的值
```

```
++cd;              //错误,不能改变常变量的值
```

2.4　C++的运算符与优先级

C++的运算符与优先级与 C 语言基本相同,不做过多陈述,表 2.2 列出了 C++的运算符、优先级及结合方向,以便学习使用。

表 2.2　C++运算符的优先级及结合方向

优先级	运算符	名称或含义	使用形式	结合方向
1	[ ]	数组下标	数组名［ 常量表达式 ］	左到右
	::	作用域限定	类名::对象名/对象名/名字空间::对象名	
	( )	圆括号	(表达式) / 函数名(形参表)	
	.	成员选择(对象)	对象 . 成员名	
	>	成员选择(指针)	对象指针-> 成员名	
2	–	7 负号运算符	–表达式	右到左
	(类型)	强制类型转换	(数据类型) 表达式	
	new	动态申请内存	new 类型/new 类型(数值表达式)/new 类型［数值表达式］	
	delete	动态释放内存	delete 变量名	
	++	自增运算符	++变量名 / 变量名 ++	
	--	自减运算符	--变量名 / 变量名 --	
	*	取值运算符	* 指针变量	
	&	取地址运算符	& 变量名	
	!	逻辑非运算符	! 表达式	
	~	按位取反运算符	~表达式	
	sizeof	长度运算符	sizeof(表达式)	
3	/	除	表达式 / 表达式	左到右
	*	乘	表达式 * 表达式	
	%	余数(取模)	整型表达式/整型表达式	
4	+	加	表达式 + 表达式	左到右
	–	减	表达式 – 表达式	
5	<<	左移	变量 << 表达式	左到右
	>>	右移	变量 >> 表达式	

续表 2.2

优先级	运算符	名称或含义	使用形式	结合方向
6	>	大于	表达式 > 表达式	左到右
	>=	大于等于	表达式 >= 表达式	
	<	小于	表达式 < 表达式	
	<=	小于等于	表达式 <= 表达式	
7	==	等于	表达式 == 表达式	左到右
	!=	不等于	表达式 != 表达式	
8	&	按位与	表达式 & 表达式	左到右
9	^	按位异或	表达式 ^ 表达式	左到右
10	|	按位或	表达式 | 表达式	左到右
11	&&	逻辑与	表达式 && 表达式	左到右
12	||	逻辑或	表达式 || 表达式	左到右
13	?:	条件运算符	表达式 1? 表达式 2: 表达式 3	右到左
14	=	赋值运算符	变量 = 表达式	右到左
	/=	除后赋值	变量 /= 表达式	
	*=	乘后赋值	变量 *= 表达式	
	%=	取模后赋值	变量 %= 表达式	
	+=	加后赋值	变量 += 表达式	
	-=	减后赋值	变量 -= 表达式	
	<<=	左移后赋值	变量 <<= 表达式	
	>>=	右移后赋值	变量 >>= 表达式	
	&=	按位与后赋值	变量 &= 表达式	
	^=	按位异或后赋值	变量 ^= 表达式	
	|=	按位或后赋值	变量 |= 表达式	
15	,	逗号运算符	表达式,表达式,…	左到右

2.5 数据的输入和输出

C++中没有专门的输入/输出(I/O)语句,C++中的 I/O 操作是通过一组标准 I/O 函数和 I/O 流来实现的。C++的标准 I/O 函数是从 C 语言继承并扩充而来。C++的 I/O 流不仅拥有标准 I/O 函数的功能,而且比 I/O 函数更方便、更可靠。本节中只简单地介绍 I/O 流的使用,有关更详细介绍参见第 9 章内容。

2.5.1 输出流

cout 是与标准输出设备(显示器)连接的预定义输出流。C++中用插入运算符“<<”向输出流发送字符。使用时,可将基本数据类型的变量直接写到“<<”符的后面,程序运行时会按顺序输出。在程序中若要正确使用输入/输出流,要用#include <iostream. h>将 iostream. h 头文件包含进来。

【例 2.2】 基本数据输出。

```
//2 _ 2. cpp
#include <iostream. h>
int main( )
{
    int i=15;
    char *p="I am a student!";
    cout<<p<<endl<<"I am "<<i<<".";      //endl 被预定义为换行
    cout<<endl;
    return 0;
}
```

程序运行结果为:

I am a student!

I am 15.

2.5.2 输入流

cin 是与标准输入设备(键盘)连接的预定义输入流。它从输入流中取出数据,数据从提取运算符“>>”处流进程序。为了保留输入数据,输入要求有目的地址,即指定数据类型的存储单元。使用时,可将基本数据类型的变量名(而不是变量地址,这与 C 语言的 scanf 函数不同)直接写到“>>”符的后面,程序运行时,按键盘输入的顺序送到对应的变量中去。

【例 2.3】 基本数据输入。

```
//2 _ 3. cpp
#include <iostream. h>
int main( )
{
  int age;
  double score;
  char name[20];
  cin>>age>>score>>name;
  cout <<"Age="<<age<<endl
      <<"Score="<<score<<endl
      <<"Name="<<name<<endl;
  return 0;
}
```

程序运行时输入:

45　87.5 liming

程序运行结果为:

Age=45

Score=87.5

Name=liming

具体的更复杂的输入和输出操作,参见第10章内容。

小　结

本章介绍了C++不同于C的基础知识,包括变量声明、常量、输入流与输出流的基本使用等,只有掌握了基本的语法知识,才能更熟练地使用C++进行软件开发。

练习题

1. 请谈谈普通变量与const类型变量的区别。

2. 思考new、delete与C语言中的malloc、free的区别。

3. 下列程序是否有错误,如有请改正。

```
#include <iostream.h>
const int r=9;
int main()
{
    int r=3;
    r++;
    ::r=10;
    cout<<"r="<<r<<",::r="<<::r<<endl;
    return 0;
}
```

4. 读程序,写结果。

```
#include <iostream.h>
int main()
{
    int i=1234,j=0;
    while(i!=0)
    {
        j=i%10+j*10;
        i=i/10;
    }
    cout<<"j="<<j<<endl;
    return 0;
}
```

5. 读程序,写结果,并指出x,y变量的可能值。

```
#include <iostream.h>
int main ( )
{
  int a=3,b=4,c=5,x,y;
  cout<<(a+b>c && b==c)<<endl;
  cout<<(a||b+c && b-c)<<endl;
  cout<<(! (a>b) && ! c||1)<<endl;
  cout<<(! (x=a) && (y=b) && 0)<<endl;
  cout<<(! (a+b)+c-1 && b+c/2)<<endl;
  return 0;
}
```

6. 给出一个百分制的成绩,要求输出成绩等级'A','B','C','D','E'。

7. 给出一个不多于5位的正整数,要求:求出它是几位数;分别打印出每一位数字;按逆序打印出各位数字,例如原数为123,应输出321。

上机实习题

1. **实习目的:**掌握bool类型,练习使用cin和cout在程序中输入和输出数据。

2. **实习内容:**

(1)建立一个空的工程文件,创建一个cpp文件,输入如下内容,运行程序分析每个输出语句的结果,体会bool类型及变量的特点。

```
#include <iostream.h>
int main()
{
  int i=1,j=2;
  bool b;
  b=2;
  cout<<b<<endl;
  b=i<j;
  cout<<b<<endl;
  b=i>j;
  cout<<b<<endl;
  b=true;
  cout<<b<<endl;
  b=false;
  cout<<b<<endl;
  cout<<sizeof(b)<<endl;
  return 0;
}
```

(2)输入一个整数 n,输出 n 行图形。如输入4,可得如下内容:

这是一个4行的金字塔

```
      *
    * * *
  * * * * *
* * * * * * *
```

(3)输入一个大于6的整数 n,输出小于 n 的所有素数。

第3章 函 数

学习目标:掌握内联函数的使用;带默认形参值函数的使用;掌握引用变量的使用;掌握函数重载及函数模板的使用。

在结构化程序设计中,函数是一个十分重要的概念。设计函数的目的:一是将程序按功能划分成较小的模块,可以使程序的复杂性降低;二是在一个程序中,有些语句重复出现在不同的地方,可以将这些语句写成一个函数,使程序更加简捷。函数在面向对象的程序设计中也有重要的作用。C++在C语言的函数使用上做了扩展,使得开发者在使用C++函数时,更为方便和灵活。

3.1 函数的定义和使用

在使用函数时,要先对函数进行定义,确定它要实现的功能,然后才能使用函数。

3.1.1 函数的定义

在C++中,每一个函数的定义都是由4个部分组成的,即函数类型、函数名、函数参数表和函数体,而且函数类型是不可以省略的,这与C语言不同。其形式如下:

函数类型 函数名(函数参数表)
{
函数体
}

3.1.2 函数的声明

定义了一个函数之后,如果函数定义在后,调用在前,就会产生编译错误,为此,可以将函数的定义放在前面,当然也可以放在后面,但必须在调用前进行函数的声明。在一般的程序设计过程中,最好将main函数放在程序的开头,而将函数的声明放在main函数之前。声明的一般格式如下:

函数类型 函数名(函数参数表);

函数的参数表可以与定义时相同,也可以只给出数据类型的列表。

如:

```
int Max(int x,int y);
```

或

```
int Max(int ,int );
```

3.1.3 函数的调用

调用函数的一般形式如下：

函数名(实际参数表)；

其中,实际参数表要与函数定义时的函数参数表相对应,这与C语言没有区别。

3.2 内联函数

C++编译器在遇到调用内联函数的时候,会用内联函数的函数体中的代码替换函数的调用,优点是节省函数调用带来的参数传递、运行时的入栈和出栈等的开销,从而提高运行速度;但缺点是增加了代码的长度。这类似于C语言中的宏功能,C++中也可以使用宏功能来实现这一功能,但不同的是,调用内联函数是由编译器处理的,而调用宏功能是由预处理器通过简单的文本替换完成扩展的。使用内联函数的好处在于调用函数时,编译器会检查传递参数的类型,而宏调用做不到这一点。

内联函数定义的形式就是在函数定义的返回值类型前加上inline关键字即可。调用内联函数时,可像其他函数一样使用,只是系统在处理时会有所不同,但这不需要人为干预。

如:

```
inline   int Max(int a,int b)
{
if(a>b) return a;
    else return b ;
}
```

3.3 带缺省形参值的函数

在C++中定义函数时,允许给参数指定一个缺省的值。在调用函数时,若明确给出了这种实参的值,则使用相应实参的值;若没有给出相应的实参,则使用缺省的值。这种函数称为具有缺省参数的函数。

下面通过一个例子来说明具有缺省参数的函数的定义及调用。

【例3.1】 具有缺省参数值的延时函数。

```
//3_1.cpp
#include <iostream.h>
void delay (int n=1000)
{
  for ( ; n> 0 ; n--);
}
void main(void)
{
  cout << "延时500个单位时间... \n";
  delay(500);
```

```
    cout << "延时 1000 个单位时间... \n";
    delay( ) ;      //A
}
```

例中的 delay( )函数是一个具有缺省参数值的函数,参数 n 为要延时的时间单位(长度),n 的缺省值为 1000。第一次调用 delay( )时,给定了实参,其值为 500,这时,delay( )函数中 n 的取值为 500;而第二次调用时,没有给出实参,则 n 取缺省的值,其值为 1000。因此,程序中的 A 行等同于 delay(1000);

使用具有缺省参数的函数时,应注意以下几点:

(1)缺省参数的说明必须出现在函数调用之前。有两种方法:第一种方法是函数的定义放在最前面,如上例所示;第二种方法是先给出函数的原型说明,并在原型说明中依次列出参数的缺省值,而在后面定义函数时,不能重复指定缺省参数的值。

【例 3.2】 输入长方体的长度、宽度和高度,求出长方体的体积。

```
//3_2.cpp
#include <iostream.h>
float v(float a, float b=10, float c=20);          //A
void main( )
{
    float x,y,z;
    cout<<"输入第一个长方体的长度、宽度和高度:";
    cin>>x>>y>>z;
    cout<<"第一个长方体的体积为:"<<v(x,y,z)<<'\n';
    cout<<"输入第二个长方体的长度和宽度:";
    cin>>x>>y;
    cout<<"第二个长方体的体积为:"<<v(x,y)<<'\n';
    cout<<"输入第三个长方体的长度:";
    cin>>x;
    cout<<"第三个长方体的体积为:"<<v(x)<<'\n';
}
float v(float a, float b, float c) //B
{
    return a * b * c;
}
```

在 A 行中,指定了第二和第三参数的缺省值,而在 B 行中就不能再指定 b 和 c 的缺省值。A 行也可以简写为:

float v(float a, float =10, float =20);

(2)参数的缺省值可以是表达式,但表达式所用到的量必须有确定的值。

(3)在定义函数时,具有缺省值的参数可有多个,但在函数定义时,缺省参数必须位于参数表中的最右边。如上例中 A 行不能改写为:

float v(float a, float a=10, float b);

或　　float v(float a=20, float b, float =20);

这种规定的原因是 C++语言在处理函数调用时,参数是自右向左依次入栈的。并且只有这样规定后,在函数调用时,才不能产生二义性。

(4)同一个函数在不同的作用域内,可提供不同的缺省参数值。例如:

```
void delay (int n =100) ;
......
void b()
{
  void delay (int =200) ;
  ......
  delay ( );      //缺省值为 200
  ......
}
float cc()
{
  void delay (int =300) ;
  ......
  delay ( );      //缺省值为 300
  ......
}
float dd()
{
  ......
  delay ( ) ;     //缺省值为 100
  ......
}
void delay (int n )
{
  for ( ; n> 0 ; n--);
}
```

3.4 引　用

引用是 C++引入的新语言特性,是 C++常用的一个重要内容之一,正确、灵活地使用引用,可以使程序简洁、高效。引用是某一变量或目标的别名,当建立引用时,程序用另一个已定义的变量或对象(目标)的名字初始化它。从那时起,引用作为目标的别名而使用,对引用的改动实际就是对目标的改动。所以对引用操作与对变量直接操作是完全一样。好处在于,系统不需要负担额外的开销,节省了内存空间。

3.4.1 引用的说明

建立引用,语法格式如下:

类型 & 引用名=已定义的变量名;

例如:引用一个 double 型变量:

double f;

double &rd=f;

说明:rd 是 double 类型变量的引用,rd 初始化为 f 变量的引用。

引用不是变量,引用必须初始化,而且一旦初始化之后,就不能再成为其他变量的引用了。引用不占存储空间,说明引用时,目标的存储状态不会改变。引用说明后,可以像普通变量一样使用,不用再带“&”。

【例 3.3】 分析下面程序的运行结果。

```
//3 _3. cpp
#include <iostream. h>
int main( )
{
  int a=100;
  int &ra=a;
  cout<<"a="<<a<<"    ra="<<ra<<endl;
  a++;
  cout<<"a="<<a<<"    ra="<<ra<<endl;
  ra++;
  cout<<"a="<<a<<"    ra="<<ra<<endl;
  cout<<"&a="<<&a<<"    &ra="<<&ra<<endl;
  return 0;
}
```

程序运行结果为:

a=100ra=100

a=101ra=101

a=102ra=102

&a=0x0012ff7c &ra=0x0012ff7c

ra 是整型变量 a 的引用,并不生成新的内存空间,这两个变量使用的是同一内存单元,一个值改变,另一个也会发生变化。

3.4.2 引用做函数参数

引用应用最多的就是做函数参数。在 C++语言中,不管是指针做函数参数还是变量做函数参数,只要实参与形参正常对应,它们传递的都是值。因此,被调用函数中的形参都要申请新的内存空间,这对于复杂变量特别是对象来讲,很浪费空间。而且,由于传递的是值,直接对形参值的修改不会改变调用函数中原来变量的值。虽然可以通过指针实现的间接引用方式改变所指变量的值,但也是一种值的传递。而且被调用函数也要为指针分配与内存空间。而使用引用做函数参数将有所不同,分析以下实例:

【例 3.4】 引用变量做函数参数。

```
//3 _4. cpp
#include <iostream. h>
void Example( int &,int);
```

```
int main ( )
{
    int a1 = 1, b1 = 1;
    Example( a1, b1);
    cout<<"a1 ="<<a1<<" ,b1 ="<<b1<<endl;
    return 0;
}
void Example( int &a, int b)
{
    a = 10;
    b = 10;
}
```

程序运行结果为:

a1 = 10, b1 = 1

在 Example 函数参数中,声明了两个参数:a 为整型变量的引用;b 为整型变量。当程序执行到 main 函数 Example(a1, b1)语句时,要调用 Example 函数。此时系统要进行实参与形参的结合,由于 Example 函数声明的第一个参数为引用,第二个参数为普通变量,Example 函数生成第一个局部引用 a,并用实参 a1 对其初始化,即 a 是 a1 的引用,生成的第二个为普通变量 b,用 b1 的值初始化 b,即将 b1 的值送给 b。然后执行“a = 10;”语句,由于 a 是 a1 的引用,对 a 的改变就是对 a1 的改变,执行“b = 10;”语句时,b 为局部变量,与 b1 是两个不同的内存单元,所以变量 b 的改变与变量 b1 没有任何关系。函数 Example 执行结束后,释放 a、b 两个单元。返回到 main 函数中时,a1 的值已经改变,而 b1 的值没有变。故此输出结果为“a1 = 10, b1 = 1”。

还需要注意的是,调用 Example 时,第一个参数一定是变量名,而第二个参数可以是表达式。这个例子一定要理解好。

下面的例子可以更好地理解指针、引用和普通变量做函数参数时它们之间用法上的区别。

【例 3.5】 引用、指针之间的区别。

```
//3_5. cpp
#include <iostream. h>
void Example( int * , int * , int, int&);
int main( )
{
    int a = 100, b = 80, c = 60, d = 50;
    cout<<"&a ="<<&a<<"  &b ="<<&b<<"  &c ="<<&c<<"  &d ="<<&d<<endl;
    Example( &a, &b, c, d);
    cout<<"a ="<<a<<"  b ="<<b<<"  c ="<<c<<"  d ="<<d<<endl;
    return 0;
}
void Example( int  * pa, int  * pb, int rc, int &rd)
{
    cout<<"&pa ="<<&pa<<" &pb ="<<&pb<<" &rc ="<<&rc<<" &rd ="<<&rd<<endl;
```

```
    cout<<"pa="<<pa<<"   pb="<<pb<<"   rc="<<rc<<"   rd="<<rd<<endl;
    pa++;( *pb)++;rc++;rd++;
    cout<<"pa="<<pa<<" pb="<<pb<<" rc="<<rc<<" rd="<<rd<<endl;
}
```

程序运行结果为：

```
&a=0x0012FF7C   &b=0x0012FF78   &c=0x0012FF74   &d=0x0012FF70
&pa=0x0012FF14   &pb=0x0012FF18   &rc=0x0012FF1C   &rd=0x0012FF70
pa=0x0012FF7C   pb=0x0012FF78   rc=60   rd=50
pa=0x0012FF80   pb=0x0012FF78   rc=61   rd=51
a=100   b=81   c=60   d=51
```

本例中，函数 Example 有 4 个参数，类型分别为 int 型指针、int 型指针、int 型变量及 int 型引用。输出结果分为五行，第一行为 main 函数的第一个输出语句的结果。第二行至第四行为执行 Example 函数时输出的结果。要注意函数体中的内容，第一个输出语句均输出地址，第二个输出语句输出对应的变量的值，第三个输出值改变后变量的值。第五行为执行完 Example 函数返回到 main 函数中执行第二个输出语句得到的结果。

通过结果我们注意到，从 Example 函数的第二个输出语句的前三行的输出结果来看，pa 是指针，有自己的地址 0x0012FF14，所存的值为 a 变量的地址 0x0012FF7C，pb 也是指针，有自己的地址 0x0012FF18，所存的值为 b 变量的地址 0x0012FF78，rc 为普通变量，所存的值为 c 变量的值，rd 是引用变量，是 d 变量的引用，两个变量的地址与值是一样的。

执行完函数 Example 中的 pa++;(*pb)++;rc++;rd++;语句后，值发生了变化，pa 指针的值变了，不指向 a 变量了，pb 值没变，但以其值为地址的单元值发生了变化，rc 值变了，但与 c 无关，rd 是 d 的引用，rd 值的改变就是对变量 d 的改变。

3.4.3 引用返回值

引用还有一个很重要的应用，就是一个函数可以返回引用。普通函数返回值时，要生成一个值的副本；而引用返回值时，不生成值的副本。

声明形式如下：

类型标识符 & 函数名(形参列表及类型说明)
{函数体}

说明：

(1)以引用返回函数值，定义函数时需要在函数名前加 &。

(2)用引用返回一个函数值的最大好处是，在内存中不产生被返回值的副本。

以下程序中定义了一个普通的函数 fn1，它用返回值的方法返回函数值，另外一个函数 fn2，它以引用的方法返回函数值。

【例 3.6】 引用做函数返回值。

```
//3_6.cpp
#include <iostream.h>
float temp; //定义全局变量 temp
float fn1(float r);
float &fn2(float r);
```

```
void main()
{
  float a=fn1(10.0); //第1种情况,系统生成要返回值的副本(即临时变量)
  //float &b=fn1(10.0); //第2种情况 VC++6.0 会出错(不同 C++系统有不同规定)
  //不能从被调函数中返回一个临时变量或局部变量的引用
  float c=fn2(10.0); //第3种情况,系统不生成返回值的副本
  //可以从被调函数中返回一个全局变量的引用
  float &d=fn2(10.0); //第4种情况,系统不生成返回值的副本
  //可以从被调函数中返回一个全局变量的引用
  cout<<a<<c<<d;
}
float fn1(float r) //定义函数 fn1,它以返回值的方法返回函数值
{
  temp=(float)(r*r*3.14);
  return temp;
}
float &fn2(float r) //定义函数 fn2,它以引用方式返回函数值
{
  temp=(float)(r*r*3.14);
  return temp;
}
```

引用作为返回值,必须遵守以下规则:

(1)不能返回局部变量的引用。主要原因是局部变量会在函数返回后被销毁,因此被返回的引用就成为了"无所指"的引用,程序会进入未知状态。

(2)不能返回函数内部 new 分配的内存的引用。虽然不存在局部变量的被动销毁问题,可对于这种情况(返回函数内部 new 分配内存的引用),又面临其他尴尬局面。例如,被函数返回的引用只是作为一个临时变量出现,而没有被赋予一个实际的变量,那么这个引用所指向的空间(由 new 分配)就无法释放,造成内存丢失现象。

3.5 函数的重载

函数的重载是指在相同的声明域内,同一个函数名可以对应多个函数的实现,但参数表不同,即通过函数的参数表而唯一标识并且区分函数的一种特殊的函数。例如,可以定义函数名 Max 为多个函数,该函数的功能是求最大值,即求参数的最大值。一个函数实现两个 int 型参数的最大值;另一个函数实现两个 double 型的参数的最大值。

【例 3.7】 函数重载。

```
//3_7.cpp
#include <iostream.h>
int max(int a,int b)
{
  cout<<"In  Max(int,int)"<<endl;
```

```
    return a>b? a : b;
}
double max(double a,double b)
{
    cout<<"In   Max(double,double)"<<endl;
    return a>b? a : b;
}
int main()
{
    cout<<max(1,3)<<endl;
    cout<<max(3.4,5.6)<<endl;
    return 0;
}
```

程序运行结果为:

```
In   Max(int,int)
3
In   Max(double,double)
5.6
```

编译器如何进行识别同一名字的函数才能调用相对应的函数呢?实质上,编译器是根据函数定义时参数的类型和参数的个数来进行区别的。编译器判断重载首先是确定该调用中所考虑的重载函数的集合,即同一声明域中的同名函数。然后选择可行函数,可行函数的参数个数与调用函数的参数个数相同。最后,需要参数类型的转换规则将被调用的函数的实参转换为形参对应的类型。这就是说,进行函数重载时,要求同名函数在参数个数上不同,或者参数类型上不同,否则,编译器将无法区分同名函数,而造成编译错误。

比如,上例中如果把调用改为 max(1,1.3)这个调用将出现错误:

error C2666:'max' : 2 overloads have similar conversions Error executing cl. exe.

编译器无法判定调用哪个 max 函数。

3.6 函数的模板

函数的重载,大大地简化了程序员的记忆,提高了工作效率,但也存在一定的问题。在例3.7 里,函数体的数据处理过程中,只有数据类型不同,而其他的都相同,程序员需要写两个这样的函数。在 C++中可以用模板来进行更为简单的处理,利用模板只定义一个函数便可以完成相应的操作,从而减少了程序维护的工作量。

模板也称为参数化的类型,利用模板功能可以构造相关的函数或类的系统,不仅提高了程序设计的效率,而且对提高程序的可靠性十分有益。

模板的操作是允许将所要处理的数据类型说明为参数,来实现对不同类型数据的统一处理,也就是说,如果对不同数据处理的过程和形式都是一样的,只有类型不同,那么就可以使用模板进行统一处理,从而减少维护的工作量,减少出错。模板分为函数模板和类模板。本章介绍的是函数模板。在说明了一个函数模板后,当编译时,系统发现有一个对应的函数调用时,将根据实参中的类型来确认是否匹配函数模板中对应的形参,然后生成一个重载函数。生成的重载函数的定义体与函数模板的函数定义体相同,称为模板函数。

3.6.1 函数模板的声明

函数模板的声明是在关键字 template 后跟随一个或多个在尖括弧内的参数和原型。函数模板的一般说明格式如下:

```
template <类型形参表>
返回值类型 函数名(形参)
{
函数体
}
```

其中,"<类型形参表>"可以包含基本数据类型定义的形参,可以是类类型定义的形参,也可以是用 class 或 typename 定义的类型形参。关键字 class 或 typename 在这里的意思是"类型形参",而不是后边的类说明的关键字,作用是在程序调用这个函数时,可以将确定的类型做为参数传递过来,class 或 typename 后面标识符及函数体中对应的标识符都替换成这种类型,这样类型就是参数了。如果类型形参多于一个,则每个类型形参都要使用 class。需要注意的是,函数模板定义不是一个实实在在的函数,编译系统不为其产生任何的执行代码,它只是函数的描述。

【例 3.8】 求最大值的函数模板。

```
//3_8.cpp
#include <iostream.h>
template <class T>
T max(T a,T b)
{
return a>b? a : b;
}
```

3.6.2 函数模板的使用

函数的模板只是声明,不能直接执行,需要实例化模板函数后才能执行。使用方法见下例。

【例 3.9】 函数模板的使用。

```
//3_9.cpp
int main()
{
    int i=1,j=3;
    double f=3.4,e=5.6;
    cout<<max(i,j)<<endl;
    cout<<max(f,e)<<endl;
    return 0;
}
```

在程序执行过程中,main 函数中定义两个 int 型变量 i、j 和 double 型变量 f、e,max(i,j)的调用实例化模板函数 T max(T a,T b),T 即为 int,求出 a 和 b 的最大值。max(f,e)同理。

程序运行结果为:

3

5.6

需要注意的是,max(i,f);这个调用将出现一个编译错误:

template parameter ´T´ is ambiguous could be ´int´ or ´double´

编译器将不能识别 T 的类型。

3.6.3 使用多种可变类型参数定义模板

在定义函数模板时,可引入多个类型参数。

定义的形式如下:

template <class T1,class T2,…>

【例 3.10】 多个类型的函数模板。

```
//3_10.cpp
#include <iostream.h>
template <class T1,class T2>
T1 max(T1 x,T2 y){return T1(x>y? x:y);}
int main()
{
  cout<<max(1.5,1.0)<<endl;
  cout<<max(15,10)<<endl;
  return 0;
}
```

在程序编译时,编译器会将 T1 实例为 double,将 T2 实例为 int。

3.7 实 例

3.7.1 变量交换函数重载

在软件开发过程中,都会涉及变量值的交换,下面我们就做一个交换变量值的函数 Swap。对于交换变量的值,不同类型的变量要定义不同的函数,函数名字相同,类型不同,类型包括 int,long,double,char *,int 型数组。

分析:不同类型的变量交换的方法是不同的,对于 int,long 和 double 型的数据交换的方法相同,而对于 char * 和 int 型数组的交换方法是不同的,因此,分别编写对应的交换函数,取相同名字即可。另外,为了增加程序的可读性,要建立一个头文件,保存以上几个函数,然后在 main 函数中调用。

设计步骤:

(1)建立一个“Win32 Console Application”工程,类别为“An empty project”,工程名为 3_10。

(2)单击 File|New 选项,打开“New”对话框。

(3)选择“Files”选项卡,选择 C/C++ Header File 选项,在 File 文本框中输入“Swap”,单击“OK”在工程中加入一个头文件“Swap.h”。在“Workspace”工具栏的“FileView”选项卡中点击“Header Files”中查看到 Swap.h 文件。双击 Swap.h 文件,在右侧的工作窗口中可打开“Swap.h”文件,输入文件内容。

```
#if! defined Swap_h
#define Swap_h
#include<iostream.h>
void Swap(int &a,int &b)
{
  int tmp;
  tmp=a;a=b;b=tmp;
}
void Swap(double &a,double &b)
{
  double tmp;
  tmp=a;a=b;b=tmp;
}
void Swap(long &a,long &b)
{
  long tmp;
  tmp=a;a=b;b=tmp;
}
void Swap(char *a,char *b)
{
  char tmp;
  while(*a! ='\0'||*b! ='\0')
  {
    tmp=*a;*a=*b;*b=tmp;
    a++;b++;
  }
  if(*a! ='\0')
  {
    while(*a! ='\0')
    {
      *b=*a;*a='\0';a++;b++;
    }
   *b='\0';
  }
  if(*b! ='\0')
  {
    while(*b! ='\0')
```

```
    {
        *a= *b; *b='\0';a++;b++;
    }
    *a='\0';
    }
}
void Swap(int a[],int b[],int m)
{
    int i,tmp;
    for(i=0;i<m;i++)
    {
        tmp=a[i];a[i]=b[i];b[i]=tmp;
    }}
#endif
```

(4)在工程中添加3_10.cpp文件,将内容改为:

```
#include "swap.h"
#include<iostream.h>
int main()
{
    int a=1,b=100;
    long la=111111,lb=222222;
    double da=33333.3,db=44444.4;
    char ca[20]="I am a teacher",cb[20]="You are a student.";
    int ia[10]={1,2,3,4,5,6,7,8,9,10};
    int ib[10]={21,22,23,24,25,26,27,28,29,30};
    Swap(a,b);Swap(la,lb);Swap(da,db);Swap(ca,cb);Swap(ia,ib,10);
    cout<<"a="<<a<<",   b="<<b<<endl;
    cout<<"la="<<la<<",   lb="<<lb<<endl;
    cout<<"da="<<da<<",   db="<<db<<endl;
    cout<<"ca="<<ca<<",   cb="<<cb<<endl;
    for(int i=0;i<10;i++)
        cout<<ia[i]<<"  ";
    cout<<endl;
    for(i=0;i<10;i++)
        cout<<ib[i]<<"  ";
    cout<<endl;
    return 0;
}
```

(5)运行调试程序,输出结果。

a=100,   b=1
la=222222,   lb=111111
da=44444.4,   db=33333.3

ca=You are a student. ,   cb=I am a teacher

21 22 23 24 25 26 27 28 29 30

1 2 3 4 5 6 7 8 9 10

3.7.2 函数模板实例

函数模板主要应用于变量的类型不同而操作相同的情况下。本例要实现不同类型数组输出的模板。

分析:对于数组的输入,比如 int 型、double 型、char 型的数组在输出时,均可按同一操作实现。可以将函数模板的声明放到 Output. h 头文件中,在 main 函数中调用即可。

(1)建立一个"Win32 Console Application"工程文件,类别为"An empty project",工程名为 3_11。

(2)添加头文件"Output. h"。

(3)Output 文件内容如下:

```
#if ! defined Output_h
#define Output_h
#include "iostream. h"
template <class T>
void Output(T a[],int n)
{
  for(int i=0;i<n;i++)
    cout<<a[i]<<"  ";
  cout<<endl;
}
#endif
```

(4)在工程文件中添加"3_11. cpp"文件,内容如下:

```
#include "Output. h"
int main()
{
  int a[5]={1,2,3,4,5};
  double d[5]={1.1,2.2,3.3,4.4,5.5};
  char c[5]={'A','B','C','D','E'};
  char *s[]={"China","English","Germany","Janpan","America"};
  Output(a,5);
  Output(d,5);
  Output(c,5);
  Output(s,5);
  return 0;
}
```

程序运行结果为:

1 2 3 4 5

1.1 2.2 3.3 4.4 5.5

A B C D E
China English Germany Janpan America

小 结

本章介绍了C++不同于C语言增加的函数操作功能,包括内联函数、带默认形参值的引用、函数的重载、函数模板与模板函数。这些操作都会让程序员在开发软件的过程中,减少工作量,提高工作效率,是我们必须理解和掌握的。

练习题

1. 什么是函数重载?
2. 默认形参函数的使用应注意哪些问题?
3. 函数模板与模板函数一样吗?
4. 读程序,写结果。

```
#include <iostream.h>
int main( )
{
    int i=5,j=10;
    int &pi=i;
    int * p=&j;
    i++;
    pi=j;
    pi++;
    p++;
    cout<<"i="<<i<<" ,j="<<j<<endl;
    return 0;
}
```

5. 读程序,写结果。

```
#include <iostream.h>
void f(int &p,int q)
{
    p++;q++;
}
int main( )
{
    int i=0,j=10;
    f(i,j);
    cout<<"i="<<i<<" ,j="<<j<<endl;
    return 0;
}
```

6. 读程序,写结果。

```
#include <iostream.h>
int Add(int a=5,int b=5)
{
  return a+b;
}
int F(int i)
{
  return Add(i);
}
int main()
{
  int Add(int a=10,int b=10);
  cout<<Add(6)<<endl;
  cout<<F(7);
  return 0;
}
```

7. 编写一个函数验证哥德巴赫猜想:一个不小于 6 的偶数可以表示为两个素数之和,在主函数中输入一个不小于 6 的偶数 n。

上机实习题

1. **实习目的:**掌握引用与指针的区别;掌握函数的重载及函数模板的使用。

2. **实习内容:**

(1) 输入下列程序,根据程序结果分析指针、引用和变量做函数参数的区别。

```
#include <iostream.h>
void f1(int *pa)
{
  cout<<"------f1-begin----"<<endl;
  cout<<&pa<<"\t"<<pa<<"\t"<<*pa<<endl;
  (*pa)++;//A
  cout<<&pa<<"\t"<<pa<<"\t"<<*pa<<endl;
  cout<<"------f1-end-----"<<endl;
}
void f2(int pb)//B
{
  cout<<"------f2-begin----"<<endl;
  cout<<&pb<<"\t"<<pb<<endl;
  pb++;
  cout<<&pb<<"\t"<<pb<<endl;
  cout<<"------f2-end-----"<<endl;
}
```

```
int main( )
{
   int a=10,b=20;
   cout<<&a<<"\t"<<a<<endl;
   f1(&a);
   cout<<&b<<"\t"<<b<<endl;
   f2(b);
}
```

执行完程序后,将A行改为p++;将B行改为void f2(int &pb);再分析程序结果。

(2)编写一个重载函数,可实现对整型一维数组和整型二维数组的输入、输出功能,体会重载函数的好处。

(3)编写函数模板,实现两个变量的加法,体会函数模板的好处。

第4章 类与对象

学习目标：掌握类与对象的概念；掌握声明类和对象的方法；掌握类的构造函数与析构函数的使用；掌握类的组合与类模板；初步了解面向对象程序设计基本思想和方法。掌握在工程文件中创建类的方法；熟悉工程文件的多文件操作。

4.1 类和对象

4.1.1 类和对象的理解

什么是类？什么是对象？这是初学面向对象程序设计的人首先要考虑的问题。我们换个角度来谈，“这个世界是由什么组成的？”这个问题如果让不同的人来回答会得到不同的答案。如果是一个化学家，他也许会告诉你“这个世界是由分子、原子、离子等化学物质组成的”。如果是一个画家，他也许会告诉你“这个世界是由不同的颜色所组成的”。可谓是众说纷纭了！但如果让一个分类学家来考虑这个问题就有趣得多了，他会告诉你“这个世界是由不同类型的物与事所构成的”作为面向对象的程序员来说，我们要站在分类学家的角度去考虑问题！这个世界是由动物、植物等组成的，动物又分为单细胞动物、多细胞动物、哺乳动物等，哺乳动物又分为人、大象、老虎……就这样的分下去了！

现在，站在抽象的角度，给“类”下个定义。回答“什么是人类?”首先让我们来看看人类所具有的一些特征，这个特征包括属性(一些参数、数值)以及方法(一些行为，他能干什么)。每个人都有身高、体重、年龄、血型等一些属性。人会劳动，人都会直立行走，人都会用自己的头脑去创造工具等。人之所以能区别于其他类型的动物，是因为每个人都具有人这个群体的属性与方法。“人类”只是一个抽象的概念，它仅仅是一个概念，它是不存在的实体。但是所有具备“人类”这个群体的属性与方法的对象都叫人。这个对象“人”是实际存在的实体，每个人都是人这个群体的一个对象。在学生成绩管理系统中，学生类所具有的属性为姓名、性别、数学、英语、体育、总分等，学生所具有的行为为查询成绩，打印成绩单等。而具体的学生就是一个对象，不同的学生都有姓名，但值不同，都有行为，但得到的行为结果也有差异。

由此可见，类描述了一组具有相同特性(属性)和相同行为(方法)的对象。在程序中，类实际上就是数据类型。例如：整数，小数等。整数也有一组特性和行为。为了模拟真实世界，为了更好地解决问题，往往我们需要创建解决问题所必需的数据类型。

4.1.2 创建第一个类

【例4.1】 学生基本信息类的声明。

```
class StudentBase
{
private:
    int Day;
    int Month;
    int Year;                                          //学生的生日
    char Name[10];                                     //学生的姓名
    char Number[10];                                   //学生的学号
    bool Sex;                                          //学生的性别
    char Address[50];                                  //学生的住址
    char Class[10];                                    //学生的班级
public:
    void SetBirthday(int year,int month,int day);//修改生日
    void Show();                                       //显示基本信息
    void SetNumber(char * number);                     //设置学号
    void SetAddress(char * address);                   //设置住址
    void SetSex(bool sex);                             //设置性别
    void SetName(char * name);                         //设置姓名
    void SetClass(char * sclass);                      //设置班级
};
```

这个类定义了学生基本信息的数据和行为,分别称为StudentBase类的数据成员和函数成员。类定义的一般形式为:

```
class 类名
{
private:
    私有成员
protected:
    保护成员
public:
    公有成员
};
```

其中public、protected、private分别表示对成员的不同访问权限控制。在类中可以只声明函数的原型,函数的实现可以在类外定义。

```
void StudentBase::SetClass(char * sclass)
{   strcpy(Class,sclass);   }
void StudentBase::SetName(char * name)
{   strcpy(Name,name);   }
void StudentBase::SetSex(bool sex)
{   Sex=sex;   }
void StudentBase::SetAddress(char * address)
{   strcpy(Address,address);   }
```

```
void StudentBase::SetNumber(char *number)
{   strcpy(Number,number);   }
void StudentBase::Show()
{
cout<<"姓名:"<<Name<<endl
    <<"学号:"<<Number<<endl
    <<"性别:"<<(Sex?"男":"女")<<endl
    <<"住址:"<<Address<<endl
    <<"生日:"<<Year<<"-"<<Month<<"-"<<Day<<endl;
}
void StudentBase::SetBirthday(int year, int month, int day)
{
  Year=year;
  Month=month;
  Day=day;
}
```

可以看出,与普通函数不同,类的成员函数名需要用类名来限制。例如:"void StudentBase::SetClass(char *sclass)"。

因此,成员函数在类外定义时,其一般形式为:

函数类型 类名::函数名(形参表)

{

函数体

}

下面我们在 VC++6.0 中创建这个类。问题描述:现在创建一个学生基本信息类 StudentBase,属性有 Name,Number,Sex,Address,Class,BirthDay,代表学生姓名,学号,性别,住址,班级,出生年月日,而函数 SetName(),SetNumber(),SetSex(),SetAddress(),SetClass(),SetBirthDay()用来设置各属性的行为,Show()显示各属性的值。

在工程中,创建一个新类都与这个例子中所述的操作大致相同,以后的章节不再赘述。

步骤如下:

(1)启动 Microsoft Visual C++ 6.0,点击 File | New 选项,创建一个"Win32 Console Application"空的工程文件,命名为 VC4_1。

(2)单击 Insert | New class 选项,弹出 NewClass 对话框,如图 4.1 所示。在 Class Information 组的 Name 文本框中输入"StudentBase"。单击 OK 按钮,建立类的框架完成。系统会在工程文件中自动建立两个与类对应的文件,文件名.cpp 和文件名.h,并添加相应的代码。文件名.h 文件是类的说明部分,文件名.cpp 是类行为的实现部分,这种多文件的方式,有利于工程的组织和管理。在 Workspace 视图中 FileView 下可以看到这两个文件,单击可查看文件内容。在 Workspace 视图中 ClassView 下可以看到工程中已定义的类的情况,双击对应的类名,打开定义类对应的头文件,进行编辑修改工作。单击类名前的"+",可以查看类已定义的成员函数和数据成员。双击成员函数名,可打开对应的 cpp 文件,进行编辑修改工作。

文件的内容如下:

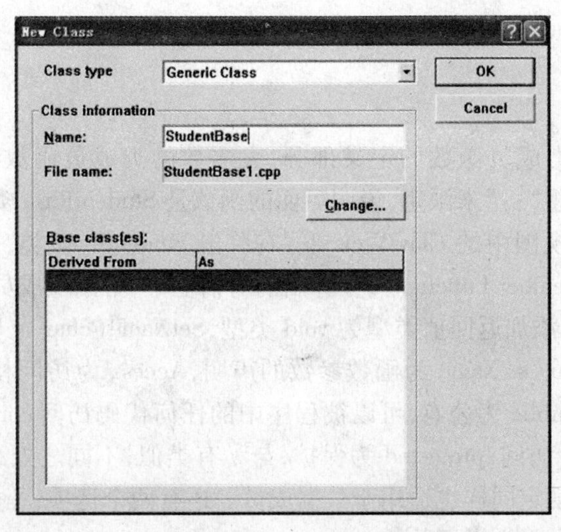

图 4.1 Newclass 对话框

StudentBase.h 文件中:

```
#if ! defined(AFX_STUDENTBASE_H__CF258A16_8AB9_41F9_9B84_32430F7EFEC5__INCLUDED_)
#define AFX_STUDENTBASE_H__CF258A16_8AB9_41F9_9B84_32430F7EFEC5__INCLUDED
#if _MSC_VER > 1000
#pragma once
#endif // _MSC_VER > 1000

class StudentBase
{
public:
  StudentBase();//默认的构造函数
  virtual ~StudentBase();//析构函数
};
#endif // ! defined(AFX_STUDENTBASE_H__CF258A16_8AB9_41F9_9B84_32430F7EFEC5__INCLUDED_)
```

这一程序段给出了定义一个类的一般形式。其中,class 为声明类的关键字,定义和声明一个类必须加上这个关键字,class 后面的 StudentBase 为类的名称,这两个{}之间为类的类体,"}"之后一定要加上";",否则将出错。系统为类体自动生成了两个权限为 public(公有)的函数,StudentBase()为默认的构造函数,~StudentBase()为析构函数。另外,为了更好地组织工程文件,还自动增加了条件编译的语句,这些语句我们不用理会,但最好不要删除掉。以后本书的例子中,类的头文件都要有这样的语句,只不过我们省略了这样的语句,只给出相应的文件名及程序代码。

StudentBase.cpp 文件中:

```
StudentBase::StudentBase()
{
}
```

```
StudentBase::~StudentBase()
{
}
```

在这个文件中,是类成员函数的定义部分,大多数的类成员函数都在这个文件中定义。StudentBase 所属的类,用"::"来限定,说明后面的函数是 StudentBase 类的成员函数。

(3)在 Workspace 视图中的 ClassView 下,右单击 StudentBase 类,弹出的快捷菜单,如图 4.2所示。选择"Add Member Function",在弹出的对话框中,可添加成员函数,即为类添加方法或行为,如图 4.3 所示,添加返回值类型为 void 类型,SetName(char * Name)为成员函数的声明,SetName 为名称,char * Name 为函数参数的声明,Access 为访问权限,有 3 种,分为 public、protected、private。public 为公有,可以被程序中的任何代码访问;private 为私有,只能被类本身的成员函数或友元访问;protected 为保护,与私有类似,不同之处在于派生类的成员函数可以访问,这些权限的规定同样也适用于数据成员。还有两个选项:一个是 Static,表示是否为静态成员;Virtual 表示是否为虚函数。

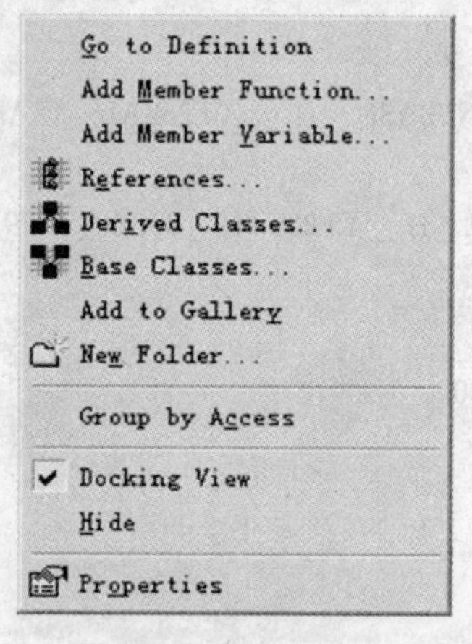

图 4.2 快捷菜单

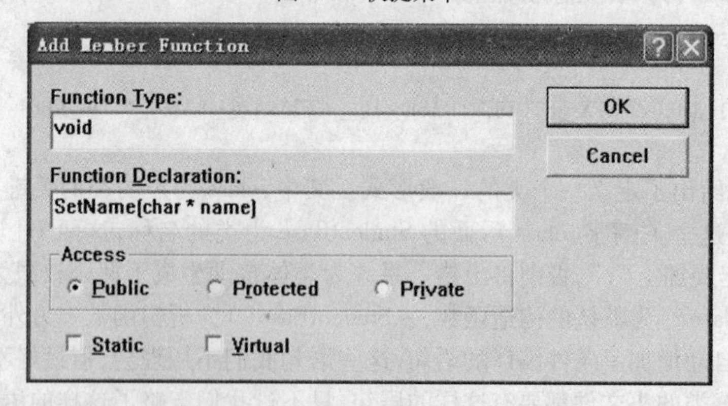

图 4.3 Add Member Function 对话框

(4)选择 Add Member Variable,在弹出的对话框中,可添加数据成员,即为类添加属性,如图 4.4 所示。为类添加了一个数据成员 Name,类型为 char 的数组,长度为 10,权限为私有。

重复(3)~(4)步骤的操作,可将成员函数与数据成员全部添加到 StudentBase 类中。可以在 Workspace 视图中的 ClassView 中查看添加后的内容。

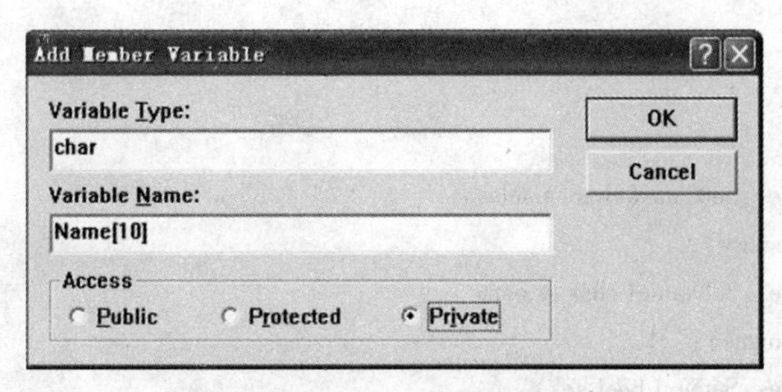

图 4.4　Add Member Variable 对话框

添加完成之后,可以在 Workspace 视图中的 FileView 中查看 StudentBase. h 和 StudentBase. cpp 这两个文件中的具体代码,系统为工程自动添加了相关的代码。

(5)接下来在 StudentBase. cpp 文件中编写成员函数的代码。

这两个文件的内容如下(为了便于理解,已加上必要的注释):

```
//StudentBase. h
class StudentBase
{
private:
  int Day;
  int Month;
  int Year;                //学生的生日
  char Name[10];           //学生的姓名
  char Number[10];         //学生的学号
  bool Sex;                //学生的性别
  char Address[50];        //学生的住址
  char Class[10];          //学生的班级
public:
  void SetBirthday(int year,int month,int day);
  void Show();
  void SetNumber(char * number);
  void SetAddress(char * address);
  void SetSex(bool sex);
  void SetName(char * name);
  void SetClass(char * sclass);
  StudentBase();           //默认的构造函数
  virtual ~StudentBase(); //析构函数
};
//StudentBase. cpp
#include "StudentBase. h"
#include <iostream. h>
#include<string. h>
StudentBase::StudentBase()
{
}
```

```
StudentBase::~StudentBase()
{
}
void StudentBase::SetClass(char *sclass)
{strcpy(Class,sclass);  }
void StudentBase::SetName(char *name)
{strcpy(Name,name);  }
void StudentBase::SetSex(bool sex)
{Sex=sex;  }
void StudentBase::SetAddress(char *address)
{strcpy(Address,address);}
void StudentBase::SetNumber(char *number)
{strcpy(Number,number);}
void StudentBase::Show()
{
  cout<<"姓名:"<<Name<<endl
    <<"学号:"<<Number<<endl
    <<"性别:"<<(Sex?"男":"女")<<endl
    <<"住址:"<<Address<<endl
    <<"生日:"<<Year<<"-"<<Month<<"-"<<Day<<endl;
}
void StudentBase::SetBirthday(int year, int month, int day)
{
  Year=year;
  Month=month;
  Day=day;
}
```

(6)接下来在工程文件中添加 4_1.cpp 文件,输入文件的内容为:

```
#include "studentbase.h"
#include <iostream.h>
int main()
{
  StudentBase stu1;
  stu1.SetName ("li ming");
  stu1.SetAddress ("Herbin hongjun road NO.23");
  stu1.SetBirthday (1980,12,15);
  stu1.SetClass ("2009 class 1");
  stu1.SetNumber ("200904010");
  stu1.SetSex (true);
  stu1.Show ();
  //cout<<stu1.Name<<endl;  //这个引用是错误的
}
```

在 main 函数中的代码,首先生成 StudentBase 的一个对象 stu1,通过这个对象可以访问类中定义为公有权限的成员，而访问不了类中定义的私有成员。这就是数据封装的意义，使用者不必知道对象内容是如何工作的，只能访问提供的公有数据成员或公有成员函数，完成对对象的各种操作。这有利于数据的保护和信息的隐藏。

运行程序，可看到输出结果：

姓名:li ming

学号:200904010

性别:男

住址:Herbin hongjun road NO. 23

生日:1980-12-15

将函数 main()中语句"cout<<stu1. Name<<endl;"前的注释去掉，再运行程序，会报错。信息为：

Compiling...

VC4 _ 1. CPP

F:\面向对象教材\VC4 _ 1\VC4 _ 1. CPP(13) : error C2248: 'Name' : cannot access private member declared in class 'StudentBase'

F:\面向对象教材\VC4 _ 1\studentbase. h(18) : see declaration of 'Name'

Error executing cl. exe.

VC4 _ 1. exe - 1 error(s), 0 warning(s)

这段信息表明，程序出现了编译错误，不能在 VC4 _1. cpp 的 13 行处访问 StudentBase 类中声明的私有成员。

4.1.3 对象

1. 对象的声明

在 C++中，可以声明属于某个类的实例，该实例成为类的对象，类和对象的关系相当于数据类型与变量的关系。声明一个对象和声明一个一般变量相同，采用以下的方式：

类名 对象名;

2. 对象的初始化

对象初始化一般是指对对象的数据成员赋初值，而数据成员一般多定义为保护或私有属性，所以访问他们时都通过公有的成员函数访问。有两种方法可以实现初始化：

(1)利用成员函数对数据成员初始化；

(2)利用构造函数对数据成员初始化(阅读4.2节内容)。

在成员函数中访问本类的数据成员和函数成员时，可以直接使用。

3. 对象的使用

在程序中，声明完对象后，可以通过类定义中的公有成员函数和公有数据成员，对对象进行操作，而类中定义的保护和私有的成员是不可以通过对象访问到的。对象访问数据和函数成员时与结构体变量类似，如果要访问某个对象的某个成员，也需要成员运算符"."。访问对象的成员的一般形式为：

对象名.数据成员名

对象名.成员函数名(实参名)

例4.1中的main函数中的“StudentBase stu1;”语句是在main函数中生成一个StudentBase类的实例,即对象stu1。而“stu1.SetName ("li ming");”语句是调用stu1对象的SetName成员函数完成设置stu1的“Name”属性的值。

例4.2为一个时钟类的程序,仔细阅读程序,理解类的定义、生成对象及成员函数的调用方法。

【例4.2】 时钟类的完整程序。

```
//Clock.h
class  Clock
{
public:
   void SetTime(int NewH, int NewM,int NewS);
   void ShowTime();
private:
   int Hour, Minute, Second;
};
//Clock.cpp
#include<iostream.h>
#include "Clock.h"
void Clock :: SetTime(int NewH, int NewM,int NewS)
{
   Hour=NewH;
   Minute=NewM;
   Second=NewS;
}
void Clock :: ShowTime()
{
   cout<<Hour<<":"<<Minute<<":"<<Second;
}
//4.2.cpp
#include "Clock.h"
#include<iostream.h>
int main( )
{
   Clock  myClock;
   myClock.SetTime(8,30,30);
   myClock.ShowTime();
   return 0;
}
```

程序运行结果为:

8:30:30

本程序可以分为3个部分:第一部分是类Clock的定义;第二部分是时钟类成员函数的具

体实现;第三部分是主函数 main( )。主函数的功能就是声明对象并传递消息。在主函数中首先声明了一个 Clock 类的对象 myClock,然后利用这个对象调用其公有成员函数。调用设置时间函数 SetTime 将时间设置为 8:30:30,然后调用显示时间函数 ShowTime,将设置的时间输出。

4.2　构造函数和析构函数

一般变量在声明时可以同时初始化,对象也不例外。在声明对象时也可以对其数据成员初始化。不过,对象数据成员的初始化要通过类的特殊成员函数来进行,这个成员函数就是构造函数。而在撤消对象时,调用的则是析构函数。

4.2.1　构造函数

C++利用构造函数为对象进行初始化工作,当建立对象时,系统会自动调用构造函数来实现。构造函数是类的特殊成员函数,用于在声明类的对象时对其进行初始化。构造函数的函数名与类名相同,它的参数根据需要可有可无。但是必须注意不能为它指定返回值类型。而且,构造函数可以重载,构造函数也应被声明为公有函数。但构造函数的调用只能在创建类的对象时由系统自动调用,并为对象进行初始化,程序的其他部分不能调用。如果类中没有声明构造函数,编译器也会自动生成一个函数体为空的无形式参数的默认构造函数。

1. 构造函数的声明

声明构造函数的基本形式如下:

```
class 类名
{
public:
   类名(形参表);
      ……
};
```

2. 构造函数的实现

构造函数可以在类声明的同时实现,也可在类外实现,方法略有不同,后一种方法比较常用,尤其使用 VC++6.0 时,系统自动为类添加默认的构造函数。

(1)类声明时实现

```
class 类名
{
public:
   类名(形参表)
      {构造函数体}
      ……
};
```

(2)类外实现

首先在类声明时声明构造函数,但不给出函数体,然后在类外给出函数的实现。这是在开发中常用的方式,将类声明放到一个.h文件中,将类的成员函数代码实现放到对应的.cpp文件中。

实现方式:

```
class 类名
{
public:
    类名(形参表);
    ……
};
类名::类名(形参表)
{
    函数体
}
```

下面看一个实例,定义一个point类,声明了两个构造函数,分析结果来理解系统调用构造函数的过程。

【例4.3】 point类完整程序。

```
//point.h
class point
{
   int x,y;
public:
   point(int,int);
   point();
   void display();
};
//point.cpp
#include "point.h"
#include<iostream.h>
point::point(int u,int v)
{
   x=u;y=v;
   cout<<" constructor of point is called! "<<endl;
}
point::point()
{
   x=1;y=2;
   cout<<" default constructor of point is called! "<<endl;
}
void point:: display()
```

```
{
  cout<<"x="<<x<<'\t'<<"y="<<y<<endl;
}
```

```
//4_3.cpp
#include "point.h"
#include<iostream.h>
int main()
{
  point a1(3,4);
  point a2;
  a1.display();
  a2.display();
  return 0;
}
```

程序运行结果为：

```
constructor of point is called!
default constructor of point is called!
x=3      y=4
x=1      y=2
```

4.2.2 拷贝构造函数

拷贝构造函数是一个特殊的构造函数,具有一般构造函数的所有特性,其形参只有一个,而且是本类的对象引用。其功能是使用一个已经存在的对象(由拷贝构造函数的参数指定),去初始化一个新创建的同类对象,可以将一个已有对象的数据成员的值拷贝给正在创建的另一个同类的对象。如果没有定义类的拷贝构造函数,系统会自动生成一个拷贝构造函数。定义拷贝构造函数的一般形式如下：

```
class 类名
{
public:
  类名(类名 & 对象名);        //拷贝构造函数
};
类名::类名(类名 & 对象名)    //拷贝构造函数的实现
{
  函数体
}
```

注意 拷贝构造函数中只有一个参数,这个参数必须是对同类对象的引用。例如 point 类声明如下：

```
class Point
{
```

```
public:
    Point(int xx=0,int yy=0) {X=xx; Y=yy;}
    Point(Point &p);
    int GetX(){return X;}
    int GetY(){return Y;}
private:
    int X,Y;
};
Point::Point(Point &p)
{
    X=p.X;
    Y=p.Y;
    cout<<"拷贝构造函数被调用"<<endl;
}
```

拷贝构造函数一般在以下3种情况下会被调用。

(1)当用类的一个对象去初始化该类的另一个对象时,系统自动调用拷贝构造函数。例如:

```
int main()
{
    Point A(1,2);
    Point B(A);      //用对象A初始化对象B,拷贝构造函数被调用
    cout<<B.GetX()<<endl;
    return 0;
}
```

(2)函数的形参是类的对象,调用函数过程中,在进行形参和实参的结合时系统自动调用拷贝构造函数。

```
void f(Point p)
{
    cout<<p.GetX()<<endl;
}
int main()
{
    Point A(1,2);
f(A);                //函数的形参为类的对象,当调用函数时,拷贝构造函数被调用
}
```

(3)函数的返回值是类的对象,函数执行完返回调用者时,系统自动调用拷贝构造函数。

```
Point g()
{
    Point A(1,2);
    return A;        //函数的返回值是类对象,返回函数值时,调用拷贝构造函数
}
int main()
```

```
{
  Point B;
  B=g();
}
```

【例4.4】 拷贝构造函数应用。

```
//Point.h
class Point
{
public:
  Point(int xx=0,int yy=0);
  Point(Point &p);
  int GetX();
  int GetY();
private:
  int   X,Y;
};
//Point.cpp
#include "Point.h"
#include<iostream.h>
Point::Point (int xx,int yy)
{
  X=xx;
  Y=yy;
}
int Point:: GetX()
{return X;  }
int Point:: GetY()
{return Y;  }
Point::Point (Point &p)
{
  X=p.X;
  Y=p.Y;
  cout<<" copy constructor of point is called!"<<endl;
}
//形参为Point类的对象
void fun1(Point p)
{
  cout<<p.GetX()<<endl;
}
//返回值为Point类对象的函数
Point fun2()
{
  Point A(1,2);
```

```
    return A;
}
//4_4.cpp
#include "Point.h"
#include<iostream.h>
int main()
{
    Point A(4,5);           //第一个对象 A
    Point B(A);             //A 初始化 B 第一次调用拷贝函数
    cout<<B.GetX()<<endl;
    fun1(B);                //对象 B 为 fun1 实参,第二次调用
    B=fun2();               //函数返回值是类对象,第三次调用
    cout<<B.GetX()<<endl;
    return 0;
}
```

程序运行结果为:

```
copy constructor of point is called!
4
copy constructor of point is called!
4
copy constructor of point is called!
1
```

4.2.3 析构函数

除构造函数外,C++类中还有一个特殊的成员函数,叫析构函数。析构函数在对象生存期结束前由系统自动调用,用来完成对象结束前的一些清理扫尾工作。调用完成后,对象的空间被系统收回,生存期宣告结束。析构函数的函数名为类名前加"~",必须注意析构函数没有参数,也不能为之指定返回值类型。析构函数不能重载,一个类内只能声明一个析构函数。它也是公有成员函数。如果类中没有声明析构函数,编译器会自动生成一个带空函数体的析构函数。

析构函数的定义形式为:

```
class 类名
{
public:
    ~类名(形参表);
    ......
};
```

析构函数类外定义形式:

```
~类名::类名(形参表)
{
```

函数体
}

【例4.5】 给4.2例中的时钟类加入一个析构函数,分析相应的结果。

```
//Clock.h
class  Clock
{
public:
   Clock();
   void SetTime(int NewH, int NewM, int NewS);
   void ShowTime();
   ~Clock() ;
private:
   int Hour,Minute,Second;
};
//Clock.cpp
#include "clock.h"
#include<iostream.h>
Clock ::Clock()
{
   cout<<"IN Clock::Clock()"<<endl;
}

void Clock :: SetTime(int NewH, int NewM,int NewS)
{
   Hour=NewH;
   Minute=NewM;
   Second=NewS;
}
void Clock :: ShowTime()
{  cout<<Hour<<":"<<Minute<<":"<<Second;  }
Clock :: ~Clock()
{  cout<<"IN Clock:: ~Clock()"<<endl;          }
//4_5.cpp
#include "clock.h"
#include<iostream.h>
int main( )
{
   Clock   myClock;
   cout<<"IN   main()"<<endl;
   return 0;
}
```

程序运行结果为:

IN Clock::Clock()

IN main()

IN Clock::~Clock()

结果分析:main 函数先执行“Clock myClock”;语句时先调用 Clock 类的构造函数输出第一行,回到 main 函数中执行“cout<<"IN main()"<<endl;"输出第二行,执行“return 0;”语句时,main 函数结束,这时 myClock 对象也要在内存中释放,执行 myClock 对象的 ~Clock()函数,输出第三行。

4.3 类的组合

在现实世界中,人们在解决复杂问题时,通常采用将其层层分解为简单问题的方法。即可将一个复杂的问题分解为几个较简单的子问题描述出来,而这些子问题又可以进一步分解,由更简单的子问题来描述。这样,只要这些最基本、最简单的子问题得以描述和解决,由它们构成的复杂问题就迎刃而解了。

同样的思想可应用于面向对象的程序设计方法中。确定一个对象的内部结构可能是很困难的一件事,但可以通过将复杂对象层层分解为若干简单的“部件”对象的组合,然后再由这些易于描述和实现的部件对象来“装配”复杂对象。

4.3.1 组合

类的组合描述的是一个类内嵌入其他类的对象作为成员的情况,它们之间的关系是一种包含与被包含的关系。当创建类的对象时,如果这个类具有内嵌对象成员,那么各个内嵌对象将首先被自动创建。因此,在创建对象时既要对本类的基本类型数据成员进行初始化,又要对内嵌对象成员进行初始化。

组合类构造函数定义的一般形式为:

类名(形参表):内嵌对象1(形参表),内嵌对象2(形参表),……
{类的初始化}

在创建一个组合类的对象时,不仅它自身的构造函数将被调用,而且还将调用其内嵌对象的构造函数。这时构造函数的调用顺序是:

(1)调用内嵌对象的构造函数,调用顺序按照内嵌对象在组合类的声明中出现的次序。

(2)执行本类构造函数的函数体。

如果声明组合类的对象时没有指定对象的初始值,则默认形式(无形参)的构造函数被调用,这时内嵌对象的默认形式构造函数也被调用。析构函数的调用执行顺序与构造函数则刚好相反。

【例4.6】 组合类应用。

```
//X.h
class X
{
private:
  int x;
```

```
public:
    X(int r);
    void show();
};
//X.cpp
#include "X.h"
#include <iostream.h>
X::X(int r)
{
    x=r;
    cout<<" constructor of X is called! "<<endl;
}
void X:: show()
{ cout<<"x="<<x<<endl; }
//Y.h
class Y
{
private:
    int y1,y2;
public:
    Y(int s1,int s2);
    void show();
};
//Y.cpp
#include "Y.h"
#include <iostream.h>
Y::Y(int s1,int s2)
{
    y1=s1;
    y2=s2;
    cout<<" constructor of Y is called! "<<endl;
}
voidY::show()
{ cout<<"y1="<<y1<<","<<"y2="<<y2<<endl; }
//Z.h
#include "X.h"
#include "Y.h"
class Z
{
private:
    int z1,z2;
    X a1;
    Y b1;
```

```
public:
  Z(int d,int e,int f,int g,int h);
  void show();
};
//Z.cpp
#include <iostream.h>
#include "Z.h"
Z::Z(int d,int e,int f,int g,int h):b1(f,h),a1(e)
{
  z1=g;
  z2=d;
  cout<<" constructor of Z is called! "<<endl;
}
void  Z::show()
{
  cout<<"z1="<<z1<<","<<"z2="<<z2<<endl;
  a1.show();
  b1.show();
}
//4_6.cpp
#include "Z.h"
#include <iostream.h>
int main()
{
  Z c1(12,23,34,45,56);
  c1.show();
  return 0;
}
```

程序运行结果为:

```
constructor of X is called!
constructor of Y is called!
constructor of Z is called!
z1=45,z2=12
x=23
y1=34,y2=56
```

程序中声明了 X、Y、Z,3 个类。Z 类数据成员中有 X 类对象 a1 和 Y 类对象 b1,可见这是类嵌套关系,3 个类中都各自有构造函数。

Z 类的构造函数定义的首部比前面讲的构造函数多了一个冒号,冒号后面所列的内容为初始化列表。列表中列出了内嵌对象初始化形式:a1(e),b1(f,h)这样就对 Z 类中的两个对象成员 a1 和 b1 进行了初始化。

mam 函数中,声明 Z 类的对象 c1 时,原括号中提供了 5 个数据。系统将这 5 个数据值传递给Z类的构造函数形参d,e,f,g,h。首先对初始化列表中所列出的X类和Y类的对象a1(e)和b1(f,h)进行创建,分别调用X类和Y类的构造函数进行初始化。创建的先后次序只决定于Z类声明中a1和b1的先后次序,而与初始化列表中的次序无关。待对X类和Y类对象a1和b1初始化完毕后,才对Z类对象c1数据进行初始化赋值。

4.3.2　前向引用声明

类的类型也遵循"先定义后使用"。这在一般情况下是能做到的,但遇到复杂情况就难说了。例如,如果在同一文件中定义A类时要用到B类,定义B类时要用到A类,先定义哪个类为好?

为解决这类问题,C++提出了类的前向引用声明。类的前向引用声明是在使用未定义的类之前,先为程序引入一个类名。至于类的具体定义,则放在程序的其他地方。

```
class B;              //前向引用声明
class A
{
public:
   void f(B b);
};
class B
{
public:
   void g(A a);
};
```

像上面的例子,我们可以先作一个如下的B类前向引用声明。

class　B;

然后再作A类的定义。

类的前向引用声明的一般形式为:

class 类名;

使用前向引用声明虽然可以解决一些问题,但它并不是万能的。需要注意的是,尽管使用了前向引用声明,但是在提供一个完整的类声明之前,不能声明该类的对象,也不能在内联成员函数中使用该类的对象。请看下面的程序段:

```
class Fred;                    //前向引用声明
class Barney
{
   Fred x;                     //错误:类 Fred 的声明尚不完善。不能声明该类对象
};
class Fred
{
   Barney y;
};
class Fred;                    //前向引用声明
class Barney
```

```
{
  public:
  void method()
  {
    x->yabbaDabbaDo(); //错误:Fred 类的对象在定义之前被使用
  }
private:
  Fred * x;               //正确,经过前向引用声明,可以声明 Fred 类的对象指针或对象引用
};
class Fred
{
public:
  void yabbaDabbaDo();
private:
  Barney * y;
};
```

注意 当使用前向引用声明时,只能使用被声明的符号,而不能涉及类的任何细节。

4.4 this 指针

每一个对象创建后,都会产生自己的数据成员的副本。在 C++中为了节省存储空间,每一个类的成员函数只有一个副本,成员函数由各个对象调用。当不同的对象调用类中成员函数仅有的一个副本时,对象如何与成员函数建立联系呢?答案就是通过 this 指针建立联系。C++为成员函数提供了一个称为 this 的指针,当创建一个对象时,this 指针就初始化指向该对象。当某个对象调用类中的一个成员函数时,this 指针将作为一个变量自动地传给这个成员函数。所以,不同的对象调用同一个成员函数时,编译器根据 this 指针来确定应该引用哪一个对象的数据成员。

this 指针是由 C++编译器自动产生的,它是一个隐含于每一个类的成员函数中的特殊指针,不能显式地声明,它用于指向正在被成员函数操作的对象。this 指针本身是一个常量,它不能进行赋值、加减等操作。除此之外,只有非静态成员函数才有 this 指针,并通过该指针处理对象,而静态成员函数是没有 this 指针的(将在后面的章节中看到)。通常情况下,不会显式地通过 this 指针引用数据成员和函数成员。

【例 4.7】 使用 this 指针的例子。

```
//S.h
class S
{
private:
  int x,y;
public:
  S(int x,int y);
  int Getx();
```

```
    int Gety();
};

//S.cpp
#include "S.h"
#include <iostream.h>
S::S(int x,int y)
{
    this->x=x;
    this->y=y;
}
intS::Getx(){return x;}
intS::Gety(){return y;}

//4_7.cpp
#include <iostream.h>
#include"S.h"
int main()
{
    S *p;
    S s(6,9);
    p=&s;
    cout<<p->Getx()<<endl;
    cout<<p->Gety()<<endl;
}
```

程序运行结果为:

6

9

构造函数中使用 this 指针,明确指出了所操作的变量 x 和 y 所属的对象为当前对象。

由于 this 指向当前调用该函数的对象,所以使用 *this 可以标识当前的对象。

4.5　类模板

使用类模板可以为类声明一种模式,使得类中的某些数据成员、某些成员函数的参数、某些成员函数的返回值,能取任意类型(包括系统预定义的和用户自定义的)。

1. 类模板的定义

类模板的定义与函数模板类似,在定义类之前需要预先声明作为类型参数的标识符。

类模板的一般说明形式如下:

```
template<class T1,class T2,…>
class 类名
{
```

```
    类成员
};
```

其中,T1,T2 等为类模板的类型参数,在类成员的声明中,可以用 T1,T2 等来说明它们的类型。注意,在类模板定义体外定义类模板的成员函数时,需在函数体外进行模板声明,使用如下格式:

```
template <class T1,class t2,…>
返回值类型 类名<类型名表>::成员函数名(形参表)
{
    成员函数定义体
}
```

例如:

```
template <class T>
T 类名<T>::max(T x,T y)
{
  return (x>y)? x:y;
}
```

在这个例子中 T 类型成为类模板的形参。模板形参可以为系统预定义数据类型,如 int, float,char 等,也可以是用户自定义的数据类型。由于在模板中将可能变化的参数类型用模板形参来代替,这样 max 函数模板就代表了一类函数。要在程序中调用 max 函数,就必须先将模板形参转换成确定的数据类型,这个转换的过程称为模板的实例化。

2. 类模板的实例化

类模板定义只是对类的描述,它本身还不是一个实实在在的类,是类的模板。类模板不能直接使用,必须先实例化为相应的模板类,定义模板类的对象后才可使用。可以用以下方式创建类模板的实例。

```
类模板名<类型实参表> 对象名表;
```

此处的<类型实参表>要与该模板中的<类型形参表>匹配,也就是说,实例化中所用的实参必须和类模板中定义的形参具有相同的顺序,否则会产生错误。

【例 4.8】 类模板项目应用举例。

(1)建立一个“Win32 Console Application”工程,类别为“An empty project”,工程的名为 VC4_8。

(2)加入头文件 Store.h 和 Store.cpp。

(3)Store.h 文件内容如下:

```
#if ! defined VC_Store
#define VC_Store
//结构体 Student
struct Student
{
    int     id;             //学号
    float   gpa;            //平均分
```

```
};
template <class T>             //类模板:实现对任意类型数据进行存取
class Store
{
private:
   T item;                     // 用于存放任意类型的数据
   int haveValue;              // 用于标记 item 是否已被存入内容
public:
   Store(void);                // 默认形式(无形参)的构造函数
   T GetElem(void);            //提取数据函数
   void PutElem(T x);          //存入数据函数
};
#endif
```

(4)在 Store.cpp 文件中编写成员函数的代码。

```
//默认形式构造函数的实现
#include "Store.h"
#include <stdlib.h>
#include <iostream.h>
template <class T>
Store<T>::Store(void): haveValue(0) {}

template <class T>             //提取数据函数的实现
T Store<T>::GetElem(void)
{   //如果试图提取未初始化的数据,则终止程序
   if (haveValue == 0)
   {   cout << "No item present!" << endl;
       exit(1);
   }
   return item;                //返回 item 中存放的数据
}
template <class T>   //存入数据函数的实现
void Store<T>::PutElem(T x)
{
   haveValue++;                // 将 haveValue 置为 TRUE,表示 item 中已存入数值
   item = x;                   // 将 x 值存入 item
}
```

(5)在工程中添加 4_8.cpp,输入如下内容:

```
#include <iostream.h>
#include "Store.h"
#include"Store.cpp"
int main( )
{
   Student g= {1000, 23};
```

```
    Store<int> S1, S2;
    Store<Student> S3;
    Store<double> D;
    S1.PutElem(3);
    S2.PutElem(-7);
    cout << S1.GetElem() << "  " << S2.GetElem() << endl;
    S3.PutElem(g);
    cout << "The student id is " << S3.GetElem().id << endl;
    cout << "Retrieving object D  ";
    cout << D.GetElem() << endl;  //输出对象D的数据成员
// 由于D未经初始化,在执行函数D.GetElement()时出错
    return 0;
}
```

程序运行结果为:

```
3    -7
The student id is 1000
Retrieving object D No item present!
```

在本例中,声明一个实现任意类型数据存取的类模板Store,然后通过具体数据类型参数对类模板进行实例化,生成类。然后类再被实例化生成对象S1、S2、S3和D。

4.6 程序实例——人员信息管理程序

本节以一个小型公司的人员信息管理为例,说明类及成员函数的设计。

4.6.1 类的设计

某小型公司,需要存储雇员的编号、级别、月薪,并显示全部信息。根据这些需求,设计一个类employee,在该类中包括的数据成员有编号、级别和月薪等,包括的操作有设置和提取编号、计算和提取级别、设置和提取月薪。构造函数用于设置数据成员编号、级别和月薪的初值。

4.6.2 源程序及说明

【例4.9】 人员信息管理。

```
//employee.h
class employee
{
protected:
    int individualEmpNo;            //个人编号
    int grade;                      //级别
    float accumPay;                 //月薪
public:
    employee();                     //构造函数
    ~employee();                    //析构函数
```

```
    void IncreaseEmpNo (int);           //增加编号函数
    void promote(int);                  //升级函数
    void SetaccumPay (float);           //设置月薪函数
    int GetindividualEmpNo();           //提取编号函数
    int Getgrade();                     //提取级别函数
    float GetaccumPay();                //提取月薪函数
};
//employee . cpp
#include<iostream. h>
#include"employee. h"
employee::employee()
{
    individualEmpNo=1000;               //员工编号目前最大编号为 1000
    grade=1;                            //级别初值为 1
    accumPay=0.0;                       //月薪总额初值为 0
}
employee::~employee() {}                //析构函数为空
void employee::IncreaseEmpNo (int steps)
{individualEmpNo+=steps;}               //增加编号,增加的步长由 steps 指定
void employee::promote(int increment)
{grade+=increment;}                     //升级,提升的级数由 increment 指定
void employee::SetaccumPay (float pa)
{accumPay=pa;}                          //设置月薪
int employee::GetindividualEmpNo()
{return individualEmpNo;}               //获取成员编号
int employee::Getgrade()
{return grade;}                         //获取级别
float employee::GetaccumPay()
{return accumPay;}                      //获取月薪
//4 _9. cpp
#include<iostream. h>
#include"employee. h"
int main()
{
    employee m1;
    employee t1;
    employee sm1;
    employee s1;
    cout<<"请输下一个雇员的月薪:";
    float pa;
    cin>> pa;
    m1. IncreaseEmpNo(0);               //m1 编号为当前编号
    m1. promote(3);                     //m1 提升 3 级
```

```
    m1. SetaccumPay (pa);              //设置 m1 月薪

    cout<<"请输下一个雇员的月薪:";
    cin>>pa;
    t1. IncreaseEmpNo(1);              //t1 编号为当前编号加 1
    t1. promote(2);                    //t1 提升 2 级
    t1. SetaccumPay (pa);              //设置 t1 月薪

    cout<<"请输下一个雇员的月薪:";
    cin>> pa;
    sm1. IncreaseEmpNo(2);             //sm1 编号为当前编号加 2
    sm1. promote(2);                   //sm1 提升 2 级
    sm1. SetaccumPay (pa);             //设置 sm1 级别

    cout<<"请输下一个雇员的月薪:";
    cin >>pa;
    s1. IncreaseEmpNo(3);              //s1 编号为当前编号加 3
    s1. SetaccumPay (pa);              //设置 s1 月薪

  //显示 m1 信息
  cout<<"编号"<<m1. GetindividualEmpNo()
      <<"级别为"<<m1. Getgrade()<<"级,本月工资"<<m1. GetaccumPay()<<endl;

  //显示 t1 信息
  cout<<"编号"<<t1. GetindividualEmpNo()
      <<"级别为"<<t1. Getgrade()<<"级,本月工资"<<t1. GetaccumPay()<<endl;

  //显示 sm1 信息
  cout<<"编号"<<sm1. GetindividualEmpNo()
      <<"级别为"<<sm1. Getgrade()<<"级,本月工资"<<sm1. GetaccumPay()<<endl;

  //显示 s1 信息
  cout<<"编号"<<s1. GetindividualEmpNo()
      <<"级别为"<<s1. Getgrade()<<"级,本月工资"<<s1. GetaccumPay()<<endl;
}
```

4.6.3 运行结果与分析

程序运行结果为:

请输入下一个雇员的月薪:8000
请输入下一个雇员的月薪:4000
请输入下一个雇员的月薪:7000
请输入下一个雇员的月薪:1600

编号1000级别为4级,本月工资8000
编号1001级别为3级,本月工资4000
编号1002级别为3级,本月工资7000
编号1003级别为1级,本月工资1600

在上面程序中,提取了雇员信息的共同特性部分,通过employee类抽象为私有数据成员individualEmpNo(个人编号)、grade(级别)和accumPay(月薪),然后针对每个数据成员,编写了相应的操作函数,从而实现对私有数据成员的访问。在main()函数中,我们通过employee类创建了4个对象,对它们进行了相同的操作,如设置编号、级别和月薪,并输出每个雇员的基本信息。

小　结

类是逻辑上相关的函数与数据的封装,它是对所要处理的问题的抽象描述。类实际上就相当于用户自定义的类型,和基本数据类型的不同之处在于,类这个特殊类型中同时包含了对数据进行操作的函数。

访问控制属性控制着对类成员的访问权限,实现了数据隐蔽。对象是类的实例,一个对象的特殊性就在于它具有不同于其他对象的自身属性,即数据成员。对象在声明的时候进行数据成员设置,称为对象的初始化。在对象使用结束时,还要进行一些清理工作。C++中初始化和清理的工作,分别由两个特殊的成员函数来完成,它们就是构造函数和析构函数。拷贝构造函数是一种特殊的构造函数,可以用已有对象来初始化新对象。类模板使用户可以为类定义一种模式,使得类中的某些数据成员、某些成员函数的参数、某些成员函数的返回值能取任意类型(包括系统预定义的和用户自定义的)。

练习题

1. 解释public和private的作用,公有类型成员与私有类型成员有哪些区别?
2. 构造函数和析构函数有什么作用?它们各有什么特性?
3. 数据成员可以为公有的吗?成员函数可以为私有的吗?
4. 什么叫做拷贝构造函数?拷贝构造函数何时被调用?
5. 改正以下程序中的错误。

```
#include<iostream.h>
class Student
{
   char name[10];
   int age;
   float aver;
   void printStu();
};
int main()
{
```

```
    Student p1,p2,p3;
    p1.age=30;
}
```

6. 声明并实现一个矩形类,有长、宽两个属性,用成员函数计算矩形的面积。

7. 声明一个 tree(树)类,有成员 age(树龄),成员函数 grow(int years),对 ages 加上 years,age()显示 tree 对象的 ages 的值。

8. 读程序,写结果。

```
#include<iostream.h>
class T
{
public:
    T(int x, int y)
    {
        a=x; b=y;
        cout<<"constructor1 of T is called!"<<endl;
    }
    T(T&d)
    {
        cout<<"constructor2 of Tis called!"<<endl;
        cout<<d.a<<'\t'<<d.b<<endl;
    }
    ~T(){cout<<"destructor of T is called!"<<endl;}
    int add(int x,int y=10)
    {return x+y;}
private:
    int a,b;
};
int main()
{
    T d1(4,8);
    T d2(d1);
    cout<<d2.add(10)<<endl;
}
```

9. 编写一个程序,输入 3 个学生的英语和计算机成绩,并按总分从高到低排序。要求设计一个学生类 Student,其定义如下:

```
class Student
{
    int english,computer,total;
public:
    void getscore();
    void display();
};
```

10. 设计一个用于人事管理的"人员"类。由于考虑到通用性,这里只抽象出所有类型人员都具有的属性:编号、性别、出生日期、身份证号等。其中"出生日期"声明为一个"日期"类内嵌子对象。用成员函数实现对人员信息的录入和显示。要求包括构造函数和析构函数、拷贝构造函数、内联成员函数、带默认形参值的成员函数、类的组合。

11. UML(Unified Modeling Language)即统一建模语言,是OMG(Object Management Group)发表的图标式软件设计语言。类图是最常用的UML图,显示出类、接口以及它们之间的静态结构和关系;它用于描述系统的结构化设计。类图最基本的元素是类或者接口。一般包含3个组成部分:第一个是类名;第二个是属性(attributes);第三个是该类提供的方法。类名书写规范:正体字说明类是可被实例化的;斜体字说明类为抽象类。属性和方法书写规范:修饰符[描述信息]属性、方法名称[参数][:返回类型|类型],属性和方法之前可附加的可见性修饰符:加号(+)表示public;减号(-)表示private;#号表示protected;省略这些修饰符表示具有package(包)级别的可见性。如果属性或方法具有下画线,则说明它是静态的。采用UML方法描述如下程序,如图4.5所示,观察程序的运行结果。

```
#include<iostream.h>
class Date
{
 private:
     int year,month,day;
public:
     Date(int y=1900,int m=1,int d=1);
void display();
     void display() const;
};
Date::Date(int y,int m,int d)
{
   year=y;month=m;day=d;
}
void Date::display()
{
   cout<<year<<"-"<<month<<"-"<<day<<endl;
}
void Date::display() const
{
cout<<"const function display called."<<endl;
cout<<year<<"-"<<month<<"-"<<day<<endl;
}
int main()
{
   Date t1(2000,6,12);
   t1.display();
   const Date t2(2011,7,20);
```

```
    t2.display();
    return 0;
}
```

Date
-yearint -monthint -dayint
+Date(y:int=1900,m:int=1,d:int=1) +display():void +<<const>>+display():void

图 4.5 Date 类的 UML 图

上机实习题

1. **实习目的:**掌握类的声明和对象的声明。熟练掌握 VC++对类定义、查看、编辑等操作。掌握类的声明和使用。观察构造函数和析构函数的执行过程。掌握类的组合使用方法。

2. **实习内容:**

(1)分析程序的结果,体会构造函数、析构函数和拷贝构造函数的调用情况。

①建立一个类型为 Win32 Console Application,内容为空的工程,命名为 Example04。

②单击"Insert|Class"选项,插入一个类,名为 ExA。插入一个拷贝构造函数,并将 ExA. cpp 文件内容改为:

```
#include "ExA.h"
#include <iostream.h>


ExA::ExA()
{ cout<<" constructor of ExA is called! "<<endl;}
ExA::~ExA()
{cout<<" destructor of ExA is called!"<<endl;}


ExA::ExA(ExA &ex)
{cout<<"copy constructor of ExA is called! "<<endl;}
```

③在工程中添加 Example.cpp。输入内容如下:

```
#include "ExA.h"
#include <iostream.h>
void f(ExA a)
{cout<<" F( ) function is called "<<endl;}
int main()
{
  ExA a;
```

```
    ExA b(a);
    f(a);
    return 0;
}
```

运行此程序,分析结果,明确输出的每一行结果对应哪个对象的哪个函数。

④将 fa 函数改为:

```
void f(ExA &a)
{cout<<"调用 F()函数"<<endl;
```

运行程序,分析结果,明确引用做函数参数与对象做函数参数的不同。

⑤将 fa 函数改为:

```
ExA f(ExA a)
{ cout<<" F( ) function is called "<<endl;
    return a;
}
```

运行程序,分析结果,理解对象作函数的返回值时,构造函数、拷贝构造函数和析构函数的调用情况。

⑥将 fa 函数改为:

```
ExA& f(ExA &a)
{
  cout<<"F( ) function is called"<<endl;
  return a;
}
```

运行程序,分析结果,理解引用做函数返回值与对象函数返回值的不同。

(2)分析理解类的组合。

①打开上机实习题(1)的工程文件,单击"Insert|Class"选项,插入一个新类,名为 ExB,打开 ExB.h 文件,内容改为:

```
#include "ExA.h"
class ExB
{
public:
    ExB();
    ExA a;
     ~ExB();
};
```

②打开 ExB.cpp 文件,内容改为:

```
#include <iostream.h>
ExB::ExB()
{   cout<<" constructor of ExB is called! "<<endl; }


ExB::~ExB()
```

```
{  cout<<" destructor of ExB is called!"<<endl; }
```

③打开 Example. cpp 文件,内容改为:

```
#include <iostream. h>
#include "ExB. h"
int main( )
{
   ExB b;
}
```

运行程序分析结果,体会组合类的构造函数与析构函数的调用顺序。

(3)设计一个用于人事管理的 People(人员)类,属性:number(编号)、sex(性别)、birthday(出生日期)、id(身份证号)等。其中"出生日期"声明为一个"日期"类内嵌子对象。用成员函数实现对人员信息的录入和显示。要求包括构造函数和析构函数、拷贝构造函数、内联成员函数、类的组合。

第5章 数组与指针

学习目标:掌握声明与使用数组的基本形式和方法;掌握对象数组的使用方法;掌握对象指针及利用对象指针来访问类中成员。

5.1 数　组

数组是具有一定顺序关系的若干相同类型变量的集合体,组成数组的变量称为该数组的元素。数组元素用数组名与带方括号的下标表示,同一数组的各元素具有相同的类型。数组可以由除 void 型以外的任何一种类型构成,构成数组的类型和数组之间的关系,可以类比为数学上数与向量或矩阵的关系。

每个元素有 n 个下标的数组称为 n 维数组。如果用 A 来命名一个一维数组,且其下标为从0 到 N 的整数,则数组的各元素为 A[0],A[1],…,A[N],这样一个数组可以顺序储存 N+1 个数据,因此 N+1 就是数组 A 的大小,数组的下标下界为0,数组的下标上界为 N。

5.1.1　数组的声明与使用

1. 数组的声明

数组属于自定义数据类型,在使用之前首先要进行类型声明。声明一个数组类型,应该包括以下几个方面:

(1)确定数组的名称

(2)确定数组元素的类型

(3)确定数组的结构(包括数组维数,每一维的大小等)

数组类型声明的一般形式为:

数据类型　标识符[常量表达式1][常量表达式2]…;

例如:int b[10]表示 b 为 int 型数组,有 10 个元素:b[0],b[1],…,b[9],可以用于存放 10 个元素的整数序列。int a[3][5];表示 a 为 int 型二维数组,其中第一维有 3 个下标(0-2),第二维有 5 个下标(0-4),数组的元素个数为 15。

2. 数组的使用

使用数组时,只能分别对数组的各个元素进行操作。数组的元素是由下标来区分的,对于一个已经声明过的数组,其元素的使用形式为:

数组名[下标表达式1][下标表达式2]…

数组中的每一个元素都相当于一个相应类型的变量,凡是允许使用该类型变量的地方,都可以使用数组元素。在使用过程中需要注意：

(1)数组元素的下标可以是任意合法的算术表达式,其结果必须为整型数。

(2)数组元素的下标值不得超过声明时所确定的上下界,VC++6.0 中不会提示超界。但如果超界,可能会出现问题。

【例 5.1】 数组的声明与使用。

```
//5_1.cpp
#include<iostream.h>
int main()
{
int A[10],B[10];
int i;
for(i=0;i<10;i++)
{
  A[i]=i*2-1;
  B[10-i-1]=A[i];
}
for(i=0;i<10;i++)
{
  cout<<"A["<<i<<"]="<<A[i];
  cout<<" B["<<i<<"]="<<B[i]<<endl;
}
}
```

程序运行结果为:

```
A[0]=-1     B[0]=17
A[1]=1      B[1]=15
A[2]=3      B[2]=13
A[3]=5      B[3]=11
A[4]=7      B[4]=9
A[5]=9      B[5]=7
A[6]=11     B[6]=5
A[7]=13     B[7]=3
A[8]=15     B[8]=1
A[9]=17     B[9]=-1
```

程序中,说明了两个有 10 个元素的一维数组 A 和 B,使用 for 循环对它们赋值,在引用数组 B 的元素时采用了算术表达式作为下标。程序运行之后,将-1,1,3,…,17 分别赋给数组 A 的元素 A[0], A[1], A[2],A[3], A[4], A[5], A[6], A[7], A[8], A[9]。数组 B 中元素的值刚好是数组 A 中元素的逆序排列。

5.1.2 对象数组

一组相同数据类型的数据可以构成一个数组。同样,一组属于用一个类的对象可以构成一个对象数组,即数组元素为对象的数组。需要注意的是,对象数组中的各个元素必须是同一个类。

声明对象数组的一般形式如下：

类名　数组名[下标表达式]；

对象数组的定义和使用方法与一般数组基本类似,不同的是,对象数组的每个元素都是对象,包含数据成员和成员函数。

声明了对象数组之后,就可以引用数组元素。该数组元素是一个对象,只能访问其公有成员。通过数组引用公有成员的一般形式如下：

数组名[下标].公有成员名

对象数组的初始化过程,实际上就是调用构造函数对每一个元素对象进行初始化的过程。如果在声明数组时给每一个数组元素指定初始值,在数组初始化过程中就会调用形参类型匹配的构造函数。当一个数组中的元素对象生存期结束时,系统会调用析构函数来完成扫尾工作。

【例5.2】　对象数组的应用。

```
//Date.h
class Date
{
public:
  void SetDate(int,int,int);
  int GetYear();
  int GetMonth();
  int GetDay();
  void PrintDate();
private:
  int Year,Month,Day;
};
//Date.cpp
#include "Date.h"
#include <iostream.h>
void Date::SetDate(int y=2008,int m=8,int d=8)
{
Year=y;
Month=m;
Day=d;
}
int Date::GetYear()
{return Year ; }
int Date::GetMonth()
{return Month; }
int Date::GetDay()
{return Day; }
```

```
void Date::PrintDate()
{cout<<GetYear()<<"."<<GetMonth()<<"."<<GetDay()<<"."<<endl;}
//5_2.cpp
#include "Date.h"
#include <iostream.h>
int main()
{
Date Day[4];
for(int i=0;i<4;i++)
{
    Day[i].SetDate(2004+i,i,i+1);
    Day[i].PrintDate();
}
return 0;
}
```

程序运行结果为:

2004.0.1

2005.1.2

2006.2.3

2007.3.4

本程序在创建对象数组时,自动调用系统提供默认的构造函数对对象数组的元素进行初始化。数组中的每一元素都是 Date 类的一个对象,可以访问 Date 类的公有成员。

5.2 指 针

指针是 C++从 C 中继承过来的重要数据类型,它提供了一种较为直接的地址操作手段。正确使用指针,可以方便、灵活而有效地组织和存取数据。

5.2.1 指针变量的声明

指针也是一种数据类型,具有指针类型的变量称为指针变量,指针变量是用于存放内存单元地址的。

通过变量名访问一个变量是直接的访问,而通过指针访问一个变量是间接的访问。

指针也是先声明,后使用,声明指针的语法形式是:

数据类型 *标识符

其中"*"表示这里声明的是一个指针类型的变量。"数据类型"可以是任意类型,指的是指针所指向的对象的类型,这说明了指针所指的内存单元可以用于存放什么类型的数据,我们称之为指针的类型。

5.2.2 对象指针

指针可以指向任一类型的变量,自然它也可以指向对象。我们知道在声明一个对象时,系统会自动地为这个对象分配合适的内存空间。如果声明一个指针来保存对象的地址,那么这个指针就是指向对象的指针,简称对象指针。

对象指针的声明与普通变量的指针相同,形式如下:

类名 *对象的指针名

而通过对象的指针间接访问对象成员的方式相应地表示为:

(*对象的指针名).数据成员名

(*对象的指针名).成员函数名(参数表列)

对象的指针名->数据成员。

对象的指针名->成员函数名(参数表列)

其中“->”称为成员选择运算符,该运算符可用于通过对象的指针或结构变量的指针来访问其中的成员。

注意 间接访问运算符“*”的优先级低于成员运算符“.”,所以表达式中对象的指针名两边的圆括号不能省略。

【例5.3】 对象指针的应用。

```
//Point.h
class Point  //类的声明
{
public://外部接口
Point(int xx=0, int yy=0) ;
int GetX() ;
int GetY() ;
private://私有数据
int X,Y;
};
//Point.cpp
#include"Point.h"
#include <iostream.h>
Point::Point(int xx, int yy)
{
X=xx;
Y=yy;
}  //构造函数
intPoint::GetX()
{return X; }//返回 X
intPoint::GetY()
{return Y; }//返回 Y
//5_3.cpp
#include<iostream.h>
#include"point.h"
int main()//主函数
{
```

```
    Point A(4,5);                          //声明并初始化对象 A
    Point *p1;                             //声明对象指针
    p1=&A;                                 //初始化指针
    cout<<p1->GetX()<<endl;                //利用指针访问对象成员
    cout<<A.GetX()<<endl;                  //利用对象名访问对象成员
      return 0;
    }
```

程序运行结果为:

4

4

对象指针在使用之前,也一定要先进行初始化,让它指向一个已经声明过的对象,然后再使用。通过对象指针,可以访问到对象的公有成员。

5.3 动态内存分配

C++语言要求程序中的变量在使用前必须首先声明,以便编译器预先为每个变量分配相应的内存空间。但是,我们考虑一种情况:如果要设计一个通用的学生注册信息管理系统,相应的学生类数组元素个数应声明为多少合适?也许有的学校只有几十个学生,有的学校有几千个,而有的学校则有几万,甚至十几万学生。很显然,为了满足需要,学生类数组声明得越大越好。但这又会带来一个问题:如果一个学校的学生很少,岂不是白白浪费了大量的内存空间。C++语言提供了一种被称为动态内存分配的方法。所谓动态内存是指在程序运行期间根据实际需要随时申请内存,并在不需要时释放。在进行动态内存时需要使用运算符 new 和运算符 delete,相应的我们把申请和释放内存的过程称为创建和删除。

5.3.1 new 运算和 delete 运算

1. 运算符 new

运算符 new 用于申请所需的内存单元。它的使用形式如下:

指针=new 数据类型

其中指针指向的数据类型与关键字 new 后给定的类型相同。关键字 new 的作用是为程序分配指定数据类型所需的内存单元。若分配成功,则返回其首地址;否则,返回一个空指针,new 返回的内存地址必须赋给指针。例如:

```
int *p;
p=new int;
```

就申请了一个 int 类型数据的内存单元,其地址保存在指针 p 中。在分配成功后,我们就可以使用这个指针。例如:

```
*p=1;
```

就是把值 1 赋给指针 p 所指向的 int 型内存单元。

若内存分配失败,则返回空指针。因此,在实际编程时,对于动态内存分配,应在分配操作结束后,首先检查返回的地址值是否为零,以确认内存申请是否成功。

在动态申请内存时,可以同时对分配的内存单元进行初始化。例如:

```
int *p=new int(1);
```

就为所申请的内存单元指定了初值1,若内存分配成功,其中的内容就为整数1。这里圆括号中的内容可以是任意与内存单元类型相同的表达式。

在类中也可以用运算符 new 申请一块保存数组的内存单元,即创建一个数组。创建数组的表述形式如下:

指针=new 数据类型[下标表达式]

其中,指针的类型应与关键字 new 后给出的数据类型相同;下标表达式给出的是数组元素的个数。如果内存分配成功,运算符 new 将返回一个指向分配内存首地址的指针,该指针的类型与上述表达式中给定的相同;当然,如果分配内存失败,返回空指针。如果建立的对象是某一个类的实例对象,就是要根据实际情况调用该类的构造函数。与其他情形不同的是,在为数组动态内存分配时,不能对数组中的元素初始化。因此,对于创建对象数组的情形,相应的类声明中必须有默认的构造函数。例如:

```
int *p=new int[5];
Date *pDate=new Date[5];
```

创建了一个整数数组和 Date 类的对象数组。

对于多维数组,情况就要复杂一些。其一般表述形式如下:

指针=new 数据类型[下标表达式1][下标表达式2][下标表达式3]

2. 运算符 delete

当程序中不再需要使用运算符 new 申请的某个内存单元时,可用运算符 delete 来释放它。这一操作的表述形式如下:

delete 指针名;　　　　　//释放非数组内存单元

delete[]指针名;　　　　//释放数组内存单元

其中,指针名是指指向需要释放的内存单元的指针的名字。使用运算符 delete 时要调用相应类的析构函数。另外,还应注意在这一操作中,指针本身并不被删除,必要时可以重新赋值。在释放数组的内存单元时,运算符后一定要加"[]"号。如果未加"[]"号,只是释放数组的第一个元素占据的内存单元。对于指向动态分配的内存的指针,在其指向的内存单元没有释放前,指针也不能重新赋值,否则程序将无法访问到指针原来指向的内存单元,也没有办法释放它。例如:

```
int *p=new int;
*p=2;
delete p;
p=new int;
```

在程序中对应于每次使用运算符 new,都应该相应的使用运算符 delete 来释放申请的内存。还必须注意每个用运算符 new 申请的内存单元,只能调用一次 delete 来释放内存单元。如果释放指针指向的内存单元后,没有对这个指针再次调用 new,来使它指向其他有效内存就进行 delete 操作,有可能导致程序崩溃。

【例5.4】　动态创建对象。

```
//Point.h
```

```
class Point
{
public:
Point();
Point(int xx,int yy);
  ~Point();
  int GetX();
  int GetY();
  void Move(int x,int y);
private:
  int  X,Y;
};
//Point.cpp
#include<iostream.h>
#include"Point.h"
Point::Point()
{
  X=Y=0;
  cout<<"Default Constructor called"<<endl;
}
Point::Point(int xx,int yy)
{
  X=xx;
  Y=yy;
  cout<< "Constructor called"<<endl;
}
Point::~Point()
{   cout<<"Destructor called.\n";   }
int Point::GetX()
{  return X;  }
int Point::GetY()
{  return Y; }
void Point::Move(int x,int y)
{
  X=x;
  Y=y;
}
//5_4.cpp
#include "Point.h"
#include<iostream.h>
int main()
{
cout<<"Step One:"<<endl;
```

```
    Point *Ptr1 = new Point;
        delete  Ptr1;
        cout<<"Step Two:"<<endl;
        Ptr1 = new Point(1,2);
        delete Ptr1;
        return 0;
    }
```

程序运行结果为:

Step One:

Default Constructor called.

Destructor called.

Step Two:

Constructor called.

Destructor called.

5.3.2　动态内存分配与释放函数

1. 动态存储分配函数

原型:void * malloc(size);

参数:size 是欲分配的字节数。

返回值:成功,则返回 void 型指针。失败,则返回空指针。

2. 动态内存释放函数

原型:void free(void * memblock);

参数:memblock 是指针,指向需释放的内存。

返回值:无

要在程序中使用以上两个函数,需要在程序中加入头文件:cstdlib 和 cmalloc。

在 C++中一般使用 new 和 delete 进行动态存储空间的申请和释放。

5.4　string 类

C 语言使用数组来存放字符串,调用系统函数来处理字符串,但数据与处理数据的函数是分离的不符合面向对象方法的要求。为此,C++标准类库将面向对象的串的概念加入到 C++语言中,预定义了字符串类(string 类),string 类提供了对字符串进行处理所需要的操作,而且不必担心内存是否足够、字符串长度等,而且作为一个类出现,它集成的操作函数足以完成我们大多数情况下的需要。string 重载了许多操作符,包括 +, +=, <, =, , [], <<, >>等,正是这些操作符,使字符串操作非常方便。我们尽可能把它看成是 C++的基本数据类型。使用 string 类需要包括头文件 string。string 类封装了串的属性并提供了一系列允许访问这些属性的函数。

string 是一个类,有构造函数和析构函数。下面简要介绍一下 string 类的构造函数、几个常用的成员函数和操作。为了简明起见,函数原型是经过简化的,与头文件中的形式不完全一样。如果需要详细了解,可以查看编译系统的联机帮助。

1. 构造函数的原型

string():默认构造函数,建立一个长度为0的串;

string(const string &rhs):拷贝初始化构造函数;

string(const char *s):用指针s所指向的字符串初始化string类的对象;

string(const string &rhs,unsigned int pos,unsigned int n):将对象rhs中的串从位置pos开始取n个字符,用来初始化string类的对象;

string(const char *s,unsigned int n):用指针s所指向的字符串中的前n个字符初始化string类的对象;

string(unsigned int n,char c):将参数c中的字符重复n次,用来初始化string类的对象。

2. 常用成员函数功能简介

string类的成员函数有很多,每个函数都有多种重载形式,这里列出其中一少部分,对于其他函数和重载形式就不一一列出了,读者在使用时可以查看编译系统的联机帮助。在下面的函数说明中,将成员函数所属的对象称为“本对象”,其中存放的字符串称为“本字符串”。

string append(const char *s):将字符串s添加在本串尾;

string assign(const char *s):赋值,将s所指向的字符串赋值给本对象;

int compare(const string &str)const:比较本串与str中串的大小,当本串<str串时,返回负数,当本串>str串时,返回正数,两串相等时,返回0。

设有两个字符串s1与s2,二者大小的比较规则如下:

(1)如果s1与s2长度相同,且所有字符完全相同,则s1等于s2。

(2)如果s1与s2所有字符不完全相同,则比较第一对不相同字符的ASCII码,较小字符所在的串为较小的串。

(3)如果s1的长度n1小于s2的长度n2,且两字符串的前n1个字符完全相同,则s1小于s2。

string &insert(unsigned int p0,const char *s):将s所指向的字符串插入在本串中位置p0之前;

string substr(unsigned int pos,unsigned int n) const:取子串,取本串中位置pos开始的n个字符,构成新的string类对象作为返回值;

unsigned int find(const basic _ string&str) const:查找并返回str在本串中第一次出现的位置;

unsigned int length()const:返回串的长度(字符个数);

void swap(string &str):将本串与str中的字符串进行交换。

3. string类的操作符

表5.1列出了string类的操作符及其说明。

表5.1　string类的操作符

操作符	示　例	注　释
+	s+t	将串s和t连接成一个新串
=	s=t	用t更新s
+=	s+=t	等价于s=s+t
==	s==t	判断s与t是否相等
!=	s!=t	判断s与t是否不等
<	s<t	判断s是否小于t
<=	s<=t	判断s是否小于或等于t
>	s>t	判断s是否大于t
>=	s>=t	判断s是否大于或等于t
[]	s[i]	访问串中下标为i的字符

下面我们来看一个string类应用的例子。要正确使用string类,需要包括string头文件,而且相关的“iostream.h”也要换成“iostream”。否则会出现问题。当使用<iostream>的时候,该头文件没有定义全局命名空间,必须使用namespace std;这样才能正确使用cout和cin。

【例5.5】　string类应用举例。

```
//5_5.cpp
#include <string>
#include <iostream>
using namespace std;
//根据value的值输出true或false,title为提示文字
inline void test(const char * title, bool value)
{   cout << title << " returns " << (value ? "true" : "false") << endl; }
int main()
{
   string s1 = "DEF";
   cout << "s1 is " << s1 << endl;
   string s2;
   cout << "Please enter s2: ";
   cin >> s2;
   cout << "length of s2: " << s2.length() << endl;
   //比较运算符的测试
   test("s1 <= \"ABC\"", s1 <= "ABC");
   test("\"DEF\" <= s1", "DEF" <= s1);
   //连接运算符的测试
   s2 += s1;
   cout << "s2 = s2 + s1: " << s2 << endl;
   cout << "length of s2: " << s2.length() << endl;
   return 0;
```

```
}
```

程序运行结果为:

```
s1 is DEF
Please enter s2: 123
length of s2: 3
s1<= "ABC" returns false
"DEF"<= s1 returns true
s2= s2+s1:123DEF
length of s2: 6
```

5.5 程序实例——人员信息管理程序

在本节中将在第4章例4.9基础上对人员信息管理进一步加以完善。因此在类 employee 中新增加另一个数据成员—以字符数组表示的职员姓名,从而完善人员信息管理程序的数据成员。

在 employee 类的基础上增加了一个字符数组成员 char name[20],来保存本公司职员的姓名,同样增加两个成员函数 SetName(char *)和 char *GetName()用来设置和提取姓名。

【例5.6】 人员信息管理程序。

```
//employee.h
class employee
{
protected:
char name[20];                        //姓名
int grade;                            //级别
float accumPay;                       //月薪
public:
employee();                           //构造函数
~employee();                          //析构函数
void SetName(char *);                 //设置姓名函数
char * GetName();                     //提取姓名函数
void promote(int);                    //升级函数
void SetaccumPay (float pa);          //设置月薪函数
int Getgrade();                       //提取级别函数
float GetaccumPay();                  //提取月薪函数
};
// employee.cpp
#include<iostream.h>
#include<cstring>                     //包含字符串操作头文件
#include"employee.h"
employee::employee()
{
```

```
grade=1;                          //级别初值为 1
   accumPay=0.0;
}  //月薪总额初值为 0
employee::~employee(){}
void employee::promote(int increment)
{   grade+=increment;}            //升级,提升的级数由 increment 指定
void employee::SetName(char * names)
{   strcpy(name,names);}          //设置姓名
char * employee::GetName()
{   return name;}                 //提取成员姓名
void employee::SetaccumPay (float pa)
{   accumPay=pa;}                 //设置月薪
int employee::Getgrade()
{   return grade;}                //获取级别
float employee::GetaccumPay()
{   return accumPay;}             //获取月薪

//5.6.cpp
#include<iostream.h>
#include"employee.h"
void main()
{
employee emp[4];
char namestr[20];                 //输入雇员姓名时首先临时存放在 namestr 中
float pa;
int grade, i;
for (i=0; i<4; i++)
{
   cout<<"请输下一个雇员的姓名:";
   cin>>namestr;
   emp[i].SetName(namestr);      //设置雇员 emp[i]的姓名
   cout<<"请输入雇员的月薪:";
   cin>> pa;
   emp[i]. SetaccumPay (pa);     //设置 emp[i]的月薪
   cout<<"请输入雇员的提升级别:";
   cin>>grade;
   emp[i].promote(grade);        // emp[i]升级
}
//显示信息
for (i=0; i<4; i++)
{
   cout<< emp[i].GetName()<<"级别为"<< emp[i].Getgrade()<<"级,本月工资"
     << emp[i].GetaccumPay()<<endl;
```

```
    }
}
```

程序运行结果为:

```
请输入下一个雇员的姓名:Zhang
请输入雇员的月薪:8000
请输入雇员的提升级别:3
请输入下一个雇员的姓名:Wang
请输入雇员的月薪:4000
请输入雇员的提升级别:2
请输入下一个雇员的姓名:Li
请输入雇员的月薪:7000
请输入雇员的提升级别:2
请输入下一个雇员的姓名:Zhao
请输入雇员的月薪:1600
请输入雇员的提升级别:0
Zhang 级别为 4 级,本月工资 8000
Wang 级别为 3 级,本月工资 4000
Li 级别为 3 级,本月工资 7000
Zhao 级别为 1 级,本月工资 1600
```

在本例中,应用了字符数组来保存姓名数据成员。为了处理保存姓名的字符数组,采用了指针形式进行数据的传递。在主函数中,为了保存姓名,通过一个临时数组 namestr 来暂时保存姓名,然后通过传址方式将数据保存到相应对象中。而获取姓名的方式,则是通过返回相应字符指针的形式来传递姓名的。

小 结

本章主要介绍了 C++中利用数组和指针来组织数据的方法。数组是最为常见的数据组织形式,是具有一定顺序关系的若干变量的集合体。组成数组的变量称为该数组的元素,同一数组的各元素具有相同的数据类型。如果数组的数据类型是类,则数组的每一个元素都是该类的一个对象,即为对象数组。对象数组的初始化就是每一个元素对象调用构造函数的过程。

指针也是一种数据类型,具有指针类型的变量称为指针变量。指针变量是用来存放地址的变量。因此,指针提供了一种直接操作地址的手段。

指针可以指向简单变量,也可以指向对象。使用指针一般要包括 3 个步骤——声明、赋初值和引用。

本章还介绍了内存动态分配,可以动态地进行内存管理。

练习题

1. 引用和指针有何区别? 何时只能使用指针而不能使用引用?

2. 声明下列指针：float 类型的指针 pFloat，char 类型的指针 pString，struct customer 型的指针 prec。

3. 声明一个 int 型变量 a，一个 int 型指针 p，一个引用 r，通过 p 把 a 的值改为 10，通过 r 把 a 的值改为 5。

4. 实现一个名为 SimpleCircle 的简单圆类。其数据成员 int * itsRadius 为一个指向其半径值的指针，存放其半径值。设计对数据成员的各种操作，给出这个类的完整实现并测试这个类。

5. 设学生人数 $n=8$，提示用户输入 n 个人的考试成绩，然后计算出他们的平均成绩并显示出来。

6. 声明一个 Employee 类，其中包括姓名、街道地址、城市和邮编等属性，以及 change_name()和 display()等函数，display()函数显示姓名、街道地址、城市和邮编等属性，change_name()改变对象的姓名属性，实现并测试这个类。

7. 编写并测试 3×3 矩阵转置函数，使用数组保存 3×3 矩阵，在 main()函数中输入数据。

8. 读程序，写结果。

```
#include<iostream. h>
class test
{
private :
int num;
float f1;
public:
test();
int getint(){return num;}
float getfloat(){return f1;}
 ~test();
};
test::test()
{
cout<<"Initalizing default"<<endl;
num=0;f1=0.0;
}
test::~test()
{
cout<<"destructor is active"<<endl;
}
int main()
{
test array[2];
cout<<array[1].getint()<<array[1].getfloat()<<endl;
}
```

上机实习题

1. **实习目的**:学习使用数组数据;掌握指针的使用方法;练习通过动态内存分配实现动态数组,并体会指针在其中的作用。

2. **实习内容**:

(1)声明一个 Employee 类,其中包括姓名、街道地址、城市和邮编等属性,以及 change_name()和 display()等函数,display()函数显示姓名、街道地址、城市和邮编等属性,change_name()改变对象的姓名属性,实现并测试这个类。声明包含 5 个元素的对象数组,每个元素都是 Employee 类型的对象。

(2)编写并测试 3×3 矩阵转置函数,使用数组保存 3×3 矩阵。使用动态内存分配生成动态数组来完成并用指针实现函数的功能。

第6章 C++程序的结构

学习目标:掌握标识符的作用域和可见性;掌握对象的生存期;掌握友元函数的定义与使用;掌握共享数据的保护使用方法。

6.1 标识符的作用域与可见性

C++是适合于编写大型复杂程序的语言,数据的共享与保护机制是C++的重要特性之一。这就需要理解标识符的作用域、可见性和生存期的概念,以及类成员的共享与保护问题。

作用域讨论的是标识符的有效范围,可见性是讨论标识符是否可以被引用。我们知道,在某个函数中声明的变量就只能在这个函数中起作用,这是受变量的作用域与可见性的限制决定的。作用域与可见性二者是互相联系又存在着相当差异的。

6.1.1 作用域

作用域又称作用范围,是指标识符的有效范围。可见性是指标识符是否可以被引用。一个标识符只能在声明或定义它的范围内可见,在此之外是不可见的。在一个程序文件中,C++语言的作用域共有4种:函数作用域、块作用域、文件作用域、类作用域。

1. 函数作用域

函数作用域是指在函数体内定义的标识符在其定义的函数内均有效。该标识符在函数的任何位置都可以使用它,不受先定义后使用的限制,也不受函数体中嵌套块的限制。但是,需要指出的是不包含在函数体内的程序中、if语句中、switch语句中以及循环体内所定义的变量或对象。

在C++中,只有标号具有函数作用域。

因此,同一个函数体内的标号不能相同,但不同函数中的标号可以相同,且在一个函数中不能用goto语句调用另一个函数中的标号。

2. 块作用域

我们把用花括号括起来的一部分程序称为一个块。这里的块是指块语句。在块中声明的标识符,其作用域从声明处开始,一直到结束块的花括号为止。这个块,可以是复合语句的块,也可以是函数定义的函数体块。具有块作用域的标识符称作局部标识符,块作用域也称作局部作用域。对于块作用域,要注意以下几点:

(1)块嵌套问题

当块A包含块B时,则在块B中可以使用在块A中定义的标识符,反过来则不行。另外当在块 A 中定义的标识符与块 B 中定义的标识符同名时,则在块 B 中的标识符将屏蔽块 A 中的同名标识符,即局部优先;

(2)对一些特殊情况,将作不同的处理

①对 if 语句或 switch 语句的表达式中定义的标识符,其作用域在该语句内。

②在 for 语句的第一个表达式中声明的标识符,其作用域为包含该 for 循环语句的那个块。

③函数形参的作用域为整个函数体。

块作用域包含那些定义在程序中、if 语句和 switch 语句以及循环语句中的自动类和内部静态类的变量或对象。它们的作用范围仅在定义它的相应范围内,从定义时起是可见的。例如:

```
void fun( )
{
   int a;                 //a 的作用域起始处
   cin>>a;
   if( a>0);
   {
      int b;              //b 的作用域起始处
      …
   }                      //b 的作用域结束处
}                         //a 的作用域结束处
```

fun( )中声明了两个变量 a 和 b。其中变量 a 所在的块就是这个函数的函数体,变量 b 所在的块是 if 语句后一对花括号括起来的部分。因此变量 a 的作用域从它的声明处开始,到它所在块的结束处,即整个函数体结束处;变量 b 的作用域也从它的声明处开始,到它所在块的结束处,即 if 语句结束处。

对于 if 语句,可以在语句中进行条件测试的表达式内声明标识符。这里声明的标识符具有块作用域,其作用域被限制在声明所出现的语句单元内。例如:

```
if( int i=f( ) )          //标识符 i 的作用域起始处
   i=i * 2;
else
   i=100;                 //标识符 i 的作用域结束处
cout<<i;                  //错误,标识符 i 在其作用域外不可见
```

在 for 语句的第一个表达式也可以声明标识符。VC++6.0 中,在这里声明的标识符作用域就不是块作用域了(而有的 C++版本则规定是块作用域)不限于 for 语句自身内。例如:

```
for( int i=0;i<5;)        //标识符 i 的作用域起始处
   i++;                   //标识符 i 的作用域结束处
cout<<i;                  //正确
```

如果在一个函数定义的函数体内声明另一个函数的原型,那么该函数原型具有块作用域,即该原型只在声明它的函数体内有效。

3. 文件作用域

在函数外部和复合语句之外声明的标识符具有文件作用域。具有文件作用域的标识符又称全局标识符,它从声明处开始,直到文件结束一直是可见的。

C++语言中,对标识符应该遵循声明在先,引用在后的原则。在同一作用域内,不能对同名的标识符作多种不同的声明,但在不同作用域内,允许声明同名标识符。例如下面定义的函数就是合法的。

```
void fun( )
{
  double a(3);
  … ;
    {
      int a;
      … ;
    }
  …;
}
```

对于这种在不同作用域中声明同名标识符的情况,C++语言规定:对于两个嵌套的作用域,如果在内层作用域声明了和外层作用域同名的标识符,那么,这时在外层作用域中声明的标识符在该内层作用域是不可见的。在这个内层作用域中引用该标识符时,引用的实际上是这个内层作用域中声明的标识符,与外层作用域中声明的同名标识符无关。外层作用域中声明的同名标识符只是被内层的同名标识符屏蔽起来了,一旦出了内层作用域范围,在外层作用域内又是可见的。

4. 类作用域

类作用域是指在类的声明中用一对花括号括起来的部分。一般来说,类中的成员都具有类作用域。不过由于类中成员的复杂性及其相应的不同访问规则,使得类中成员的作用域变得比较复杂。下面简单给出类成员具有类作用域的一般条件,这里假设 M 是 A 类的一个成员。

(1)成员 M 出现在 A 类的某个成员函数中,且在该成员函数内没有声明同名的标识符。

(2)成员 M 出现在 a.M 或 A::M 表达式中,其中 a 是类的一个对象。

(3)成员 M 出现在 p->M 这样的表达式中,其中 p 是指向 A 类的一个对象的指针。

6.1.2 可见性

从标识符引用的角度来看变量的有效范围,即标识符的可见性。程序运行到某一点,能够引用到的标识符,就是该处可见的标识符。为了能更好地理解可见性,先来看一看不同作用域之间的关系。文件作用域最大,接下来依次是类作用域和块作用域。图 6.1 描述了作用域的一般关系。可见性表示从内层作用域向外层作用域"看"时能看见什么。因此,可见性和作用域之间有着密切的关系。

作用域可见性的一般规则是:标识符应声明在先,引用在后。

如果某个标识符在外层中声明,且在内层中没有同一标识符的声明,则该标识符在内层可见。

对于两个嵌套的作用域,如果在内层作用域内声明了与外层作用域中同名的标识符,则外层作用域的标识符在内层不可见。

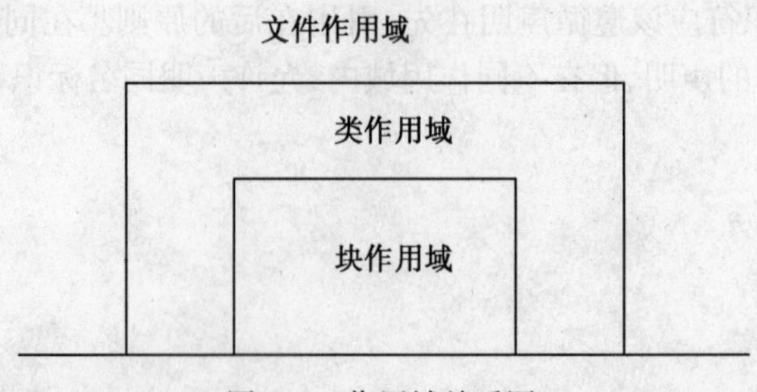

图 6.1 作用域关系图

【例 6.1】 作用域与可见性实例。

```
//6_1.cpp
#include<iostream.h>;
int i;                          //文件作用域
int main( )
{    i=5;
  {   int i;                    //块 1 作用域
      i=7;
      cout<<"i="<<i<<endl;  //输出 7
  }
   cout<<"i="<<i;               //输出 5
   return 0;
}
```

在这个例子中,在主函数之前声明的变量 i 具有文件作用域,它的有效作用域是整个源代码文件。在主函数开始处给这个具有文件作用域的变量赋初值 5,接下来在块 1 中又声明了同名变量并赋初值 7。第一次输出的结果是 7,这是因为具有块作用域的变量把具有文件作用域的变量隐藏了,也就是具有文件作用域的变量变得不可见。当程序运行到块 1 结束后,进行第二次输出时,输出的是具有文件作用域的变量值 5。

6.2 对象的生存期

对象的生存期指的是对象从创建到终止的这段时间。在生存期内,对象将保持它的状态(即数据成员的值),变量也将保持它的值不变,直到它们被更新为止。

根据对象生存时间期限的不同,对象的生存期可分为静态生存期和动态生存期。

6.2.1 静态生存期

如果当程序第一次声明对象时,该对象被创建,当程序结束运行时,该对象才终止,那么,我们说这个对象具有静态生存期,即对象的生存期与程序的运行期相同。

在文件作用域中声明的对象具有对象的生存期,这种对象又称为全局对象。

【例 6.2】 静态生存期实例。

```
//6_2.cpp
#include<iostream.h>
```

```
int i=0;                 //变量 i 具有静态生存期,且具有文件作用域
int main()
{
  cout<<"i="<<i<<endl;
  return 0;
}
```

程序运行结果为:

i=0

在本例中变量 i 具有静态生存期,且具有文件作用域而在函数体中利用 Static 声明的变量也具有静态生存期。见例 6.3。

6.2.2　动态生存期

除了上述情况,在程序中声明的对象都具有动态生存期。这种对象都是在小于文件作用域的范围内声明的,故又称为局部生存期对象(简称局部对象)。这种对象的动态生存期开始于对象声明处,终止于该对象作用域结束处。

【例 6.3】　变量的生存期与可见性。

```
//6_3.cpp
#include <iostream.h>
int i=1;  // i 为全局变量,具有静态生存期。
int main( )
{
  static int a;  // 静态局部变量,有全局寿命,局部可见。
  int b=-10;  // b, c 为局部变量,具有动态生存期。
  int c=0;
  void other(void);
  cout<<"---MAIN---\n";
  cout<<" i: "<<i<<" a: "<<a<<" b: "<<b<<" c: "<<c<<endl;
  c=c+8;  other();
  cout<<"---MAIN---\n";
  cout<<" i: "<<i<<" a: "<<a<<" b: "<<b<<" c: "<<c<<endl;
  i=i+10; other();
  return 0;
}
void other(void)
{
  static int a=2;
  static int b;
  // a,b 为静态局部变量,具有全局寿命,局部可见。只第一次进入函数时被初始化。
  int c=10;  // c 为局部变量,具有动态生存期,每次进入函数时都初始化。
  a=a+2; i=i+32; c=c+5;
  cout<<"---OTHER---\n";
  cout<<" i: "<<i<<" a: "<<a<<" b: "<<b<<" c: "<<c<<endl;
```

```
    b=a;
}
```

程序运行结果为：

```
---MAIN---
i:1 a: 0 b: -10 c: 0
---OTHER---
i:33 a: 4 b: 0 c: 15
---MAIN---
i:33 a: 0 b: -10 c: 8
---OTHER---
i:75 a: 6 b: 4 c: 15
```

本例中变量 i 具有静态生存期是全局变量，在整个文件中都有效。在 main( )函数中定义了具有静态生存期的静态局部变量 a，具有块作用域的变量 b 和 c，other( )函数中定义了静态局部变量 a、b 和动态局部变量 c。

6.3 类的静态成员

6.3.1 静态成员的意义

1. 静态数据成员

静态数据成员是同一个类中所有对象共享的成员，而不是某一对象的成员。类的一般数据成员在声明每个对象时都建立一个副本，以保存各自特定的值。静态数据成员则不同，一个类的静态数据成员只存储在一处，供该类所有对象共享访问。因此，静态数据成员的引入解决了在同一个类的所有对象之间共享数据的问题。

如果需要把某一个数据成员声明为静态成员，只需在其前面加关键字 static。由于静态数据成员是静态存储的，因此它具有静态生存期。而且在 main 函数执行之前，在类定义外对其进行声明，最好是放到对应类的. h 文件或. cpp 中，格式如下：

类型 类名::静态数据成员

【例 6.4】 具有静态数据成员的 Point 类。

```
//Point.h
class Point
{
public:
    Point(int xx=0, int yy=0);
    Point(Point &p);
    int GetX( ) ;
    int GetY( );
    void showCount( ) ;
private:
    int X,Y;
```

```
    static int count;
};
//Point. cpp
#include <iostream. h>
#include "Point. h"
int Point::count=0;          //静态数据成员,这条语句必须要加上
Point::Point(int xx, int yy)
{
    X=xx;
    Y=yy;
count++;
}
Point::Point(Point &p)
{
    X=p. X;
    Y=p. Y;
    count++;
}
int Point::GetX()
{   return X; }
int Point:: GetY()
{   return Y; }
voidPoint::showCount()
{   cout<<" Object id="<<count<<endl; }
//6 _4. cpp
#include <iostream. h>
#include "Point. h"
int main()
{
    Point A(4,5);
    cout<<"Point A,"<<A. GetX()<<","<<A. GetY();
    A. showCount();
    Point B(A);
    cout<<"Point B,"<<B. GetX()<<","<<B. GetY();
    B. showCount();
}
```

程序运行结果为:

Point A,4,5 Object id=1

Point B,4,5 Object id=2

在本例中,Point 类的数据成员 count 被声明为静态,用来给 Point 类的对象计数,每定义一个新对象,count 的值就相应加 1。静态数据成员 count 的定义和初始化在类外进行,初始化时引用的方式也需要注意:首先,要注意的是要利用类名来引用;其次,虽然这个静态数据成员是

私有类型,在这里却可以直接初始化。count 的值是在类的构造函数中计算的,A 对象生成时,调用有默认参数的构造函数;B 对象生成时,调用拷贝构造函数,两次调用构造函数访问的 count 均是同一个静态成员 count。通过对象 A 和对象 B 分别调用 showCount 函数输出的也是同一个 count 在不同时刻的数值。这样,就实现了对象 A、B 数据的共享。

2. 静态成员函数

如果声明类时,在其中的某个成员函数的类型前加上关键字 static,则这个成员函数就是静态成员函数。定义静态函数成员也是解决在同一个类的所有对象之间共享数据的方法之一。在静态成员函数的函数体中,可以直接访问所属类的静态成员,但不能直接访问非静态成员。若要访问非静态成员,则必须借助于对象名或指向对象的指针。

【例 6.5】 具有静态数据和函数成员的 A 类。

```
//A.h
class A
{
public:
    A(int x1,int x2);
    ~A(){}
    static void fun1();
    static void fun2(A a);
private:
    int x;
    static int y;
};
//A.cpp
#include<iostream.h>
#include"A.h"
A::A(int x1,int x2)
{
    x=x1;
    y=y+x2;
}
void A::fun1()
{   cout<<"Y="<<y<<endl;        }                //直接访问静态数据成员
void A::fun2(A a)
{   cout<<"X="<<a.x<<'\t'<<"Y="<<y<<endl;}      //对非静态成员,通过对象名访问
int A::y=0;
//6_5.cpp
#include"A.h"
#include<iostream.h>
int main()
{
  A a1(1,2);
```

```
    a1.fun1();                                   //通过对象名访问
    A::fun2(a1);                                 //通过类名访问
    A a2(3,4);
    A::fun1();                                   //通过类名访问
    a2.fun2(a2);                                 //通过对象名访问
}
```

程序运行结果为:

```
Y=2
X=1          Y=2
Y=6
X=3          Y=6
```

6.3.2　实　例

【例 6.6】　本例定义了一个 Point 类,定义了静态数据成员和静态函数成员,理解它们的使用。

```
//Point.h
class Point      //Point 类声明
{
public:
  Point(int xx=0, int yy=0);
  Point(Point &p);
  int GetX();
  int GetY();
  static void showCount();
private:
  int X,Y;
  static int count;
};
//Point.cpp
#include "Point.h"
#include<iostream.h>
Point::Point(int xx, int yy)
{
  X=xx;
  Y=yy;
  count++;
}
int Point::GetX()
{  return X; }
int Point::GetY()
{  return Y; }
void Point::showCount()
```

```
    { cout<<" Object id="<<count<<endl; }
    Point::Point(Point &p)
    {
        X=p.X;
        Y=p.Y;
        count++;
    }
    int Point::count=0;
    //6_6.cpp
    #include "Point.h"
    #include<iostream.h>
    int main()                                  //主函数实现
{
  Point A(4,5);                                 //声明对象 A
  cout<<"Point A,"<<A.GetX()<<","<<A.GetY();
  A.showCount();                                //输出对象号,对象名引用
  Point B(A);                                   //声明对象 B
  cout<<"Point B,"<<B.GetX()<<","<<B.GetY();
  Point::showCount();                           //输出对象号,类名引用
}
```

程序运行结果为:

Point A,4,5 Object id=1

Point B,4,5 Object id=2

利用静态的私有数据成员 count 对 Point 类的对象个数进行统计,本例中使用静态函数成员来访问 count。静态成员函数 showCount()既可以使用类名也可以使用对象名来调用。

6.4 类的友元

6.4.1 友元的意义

友元提供了在不同类的成员函数之间,以及类的成员函数与一般函数之间进行数据共享的机制。通过友元,一个普通函数或另一个类中的成员函数可以访问类中的私有成员和保护成员。友元的引入破坏了类的封装性和数据的隐藏性,使用时务必小心。

一个友元可以是函数,也可以是一个类。如果是函数,则该函数称为友元函数;如果是类,则该类称为友元类。

6.4.2 友元函数

在声明一个类时,可以使用关键字 friend 将一个函数声明为这个类的友元函数。友元函数是一个普通函数,也可以是其他类的成员函数。友元函数可以在其函数体中通过对象名访问这个类的私有或保护成员。

(1)声明某普通函数为友元函数的一般形式:

friend 类型　函数名(形参表)

(2)声明某类的成员函数为友元函数的一般形式:

friend 类型 类名::函数名(形参表)

【例 6.7】 使用友元函数计算两点间距离。

```
//Point.h
    class Point          //Point 类声明
{
public:                  //外部接口
    Point(int xx=0, int yy=0);
    int GetX();
    int GetY();
    friend double Distance(Point &a, Point &b);
private:                 //私有数据成员
    int X,Y;
};
//Point.cpp
#include<math.h>
#include "Point.h"
#include <iostream.h>
Point::Point(int xx, int yy)
{
    X=xx;
    Y=yy;
}
int Point::GetX()
{   return X; }
int Point::GetY()
{   return Y; }
double Distance( Point& a, Point& b)
{
    double dx=a.X-b.X;
    double dy=a.Y-b.Y;
    return sqrt(dx * dx+dy * dy);
}
//6_7.cpp
#include <iostream.h>
#include<math.h>
#include "Point.h"
int main()
{
    Point p1(1.0, 1.0), p2(4.0, 5.0);
    double d=Distance(p1, p2);
```

```
    cout<<"The distance is "<<d<<endl;
}
```

程序运行结果为:

The distance is 5

在 Point 类中只声明了友元函数的原型,友元函数 Distance 的定义在类外。可以看到在友元函数中通过对象名直接访问了 Point 类的私有数据成员 X 和 Y ,这就是友元关系的关键所在。

6.4.3 友元类

如果把一个类(设为 A 类)中的所有成员函数都声明为另一个类(设为 B 类)的友元函数,则不必在 B 类中对 A 类中的成员函数一一加以说明。而是直接把 A 类声明为 B 类的友元,这时称 A 类为 B 类的友元类。具体说明形式如下:

```
class A
{
...
};
class B
{
...
friend class A;
...
};
```

在使用友元时,有两点必须注意:一是友元关系不具有交换性,即友元关系是单向的,若声明 A 类为 B 类的友元,并不表示 B 类就是 A 类的友元;二是友元关系不具有传递性,即若声明 A 类为 B 类的友元,B 类为 C 类的友元,并不表示 A 类就是 C 类的友元。

【例 6.8】 友元类的使用。

```
//A.h
class A
{
public:
    void Display() ;
    friend class B;
private:
    int x;
};
//A.cpp
#include "A.h"
#include<iostream.h>
voidA::Display()
{   cout<<x<<endl;   }
```

```
//B.h
#include "A.h"
class B
{
public:
   void Set(int i);
   void Display();
private:
   A a;
};
//B.cpp
#include "A.h"
#include "B.h"
#include<iostream.h>
void B::Set(int i)
{   a.x=i; }
void B::Display()
{   a.Display();}
//6_8.cpp
#include "A.h"
#include "B.h"
#include<iostream.h>
int main()
{
   B b;
   b.Set(10);
   b.Display();
   return 0;
}
```

程序运行结果为：

10

其中 B 类是 A 类的友元类，则 B 类对象的成员函数便可以直接访问 A 类对象的私有成员。

6.5　共享数据的保护

虽然数据隐藏保证了数据的安全性，但各种形式的数据共享却又不同程度地破坏了数据的安全。因此，对于既需要共享、又需要防止改变的数据应该声明为常量。因为常量在程序运行期间是不可改变的，所以可以有效地保护数据。

6.5.1　常引用

如果在声明引用时用 const 修饰，被声明的引用就是常引用。常引用所引用的对象不能被更新。如果用常引用做形参，便不会意外地发生对实参的更改。常引用的声明形式如下：

const 类型说明符 & 引用名;

【例 6.9】 常引用做形参。

```
//6_9.cpp
#include<iostream.h>
void display(const double &r);
int main()
{
  double d(9.5);
  display(d);
  return 0;
}
void display(const double & r)
//常引用做形参,在函数中不能更新 r 所引用的对象,因此对应的实参不会被破坏。
{
//r=r+1;      //这条语句是错误的,不能改变常引用的值。
  cout<<r<<endl;
}
```

程序运行结果为:

9.5

6.5.2 常对象

常对象的声明采用关键字 const,形式如下:

类名 const 对象名

或

const 类名 对象名

声明常对象时,必须同时初始化,并且该对象在程序的其他地方不能被重新赋值。例如:

```
class A
{
public:
  A(int i,int j);
    …
private:
  int a,b;
};
A::A(int i,int j)
{
  a=i;
  b=j;
}
A const a(1,2);      //a 是常对象,不能被更新
```

const A b(3,4);

这里声明的 a 和 b 都是常对象,其值不可改变。

6.5.3 用 const 修饰的类成员

1. 常成员数据

和符号常量一样,类的数据成员如果其值在程序运行过程中不改变,那么也可以声明为常量。被声明为常量的数据成员称为常数据成员。它的声明形式与一般符号常量采用的关键字 const 声明的形式一样。不过不能在类内声明这些常数据成员时直接赋初值,而只能通过编写带有初始化列表的构造函数来初始化。

【例 6.10】 常数据成员的使用。

```
//A.h
class A
{
public:
   void getABC();
   A(int X,int Y);
   A();
   virtual ~A();
   static const int b;
   const int a;
   int c;
};
//A.cpp
#include "A.h"
#include<iostream.h>
A::A():a(0),c(0)          //为常数据成员 a 的赋初值
{  }
A::~A()
{  }
A::A(int X, int Y):a(X),c(Y)
{}
void A::getABC()
{  cout<<"A="<<a<<"\t"<<"B="<<b<<"\t"<<"C="<<c<<endl; }
const int A::b=10;          //b 为常静态数据成员

//6_10.cpp
#include "A.h"
#include<iostream.h>
int main()
{
   A a(1,2);
```

```
    a.getABC();
    return 0;
}
```

程序运行结果:

A=1　　B=10　　C=2

2. 常成员函数

类的成员函数也可以用关键字 const 修饰。使用关键字 const 修饰的成员函数称为常成员函数,关键字 const 应放在函数参数表的括号之后,形式如下:

类型说明符　函数名(参数表) const;

说明:

(1)const 是函数类型的一个组成部分,因此在函数的定义部分要带有 const 关键字。

(2)类的常成员函数不能改变成员变量的值,也不能调用该类中没有 const 修饰的成员函数。静态成员函数不能声明为常成员函数。

(3)如果将一个对象说明为常对象,则通过该常对象只能调用它的常成员函数,而不能调用其他成员函数。

(4)const 关键字可以用于对重载函数的区分。

【例 6.11】 常成员函数的使用。

```
//A.h
class A
{
public:
    void getABC();
    void getABC() const;
    A(int X,int Y);
    A();
    virtual ~A();
    static const int b;
    const int a;
    int c;
};
//A.cpp
#include "A.h"
#include<iostream.h>
A::A():a(0),c(0)
{ }
A::~A()
{ }
A::A(int X, int Y):a(X),c(Y)
{ }
void A::getABC() const
{
```

```
    cout<<"In void A::getAB() const"<<endl;
    cout<<"A="<<a<<"\t"<<"B="<<b<<"\t"<<"C="<<c<<endl;
}
void A::getABC()
{
    cout<<"In void A::getAB()"<<endl;
    cout<<"A="<<a<<"\t"<<"B="<<b<<"\t"<<"C="<<c<<endl;
}
const int A::b=10;
//6_11.cpp
#include "A.h"
#include<iostream.h>
int main()
{
    A a(1,2);
    A const b(3,4);
    a.getABC();
    b.getABC();
    return 0;
}
```

程序运行结果为：

```
In void A::getAB()
A=1        B=10      C=2
In void A::getAB() const
A=3        B=10      C=4
```

从上例可知，关键字 const 参与重载函数的区分。

void getAB();与 void getAB() const;为重载的成员函数。

如果将一个对象声明为常对象，则通过该对象只能访问它的常成员函数，而不能访问其他成员函数。因此例中通过对象 a 访问的是普通成员函数 void getAB()，而通过常对象 b 访问的是常成员函数 void getAB() const。

6.6　多文件结构

从前面的实例中可以看出，在面向对象的程序设计中必然会碰到关于类的定义、类的成员函数定义和类的使用 3 方面的问题。根据这 3 方面进行划分，一个源程序至少可以划分为相应的 3 个文件，即类定义文件(*.h)、类实现文件(*.cpp)和类使用文件(*.cpp)，可以参见前面的实例。VC++除了这些文件，还加入了一些工程中所需要的其他文件，阅读第 1 章的相关内容。

头文件，扩展名为 h，通常将类的定义作为头文件。后两个文件是源文件，扩展名为 cpp。通常将类的实现和类的使用分别作为这两个源文件。实际上，这两个源文件分别是类的成员函数定义和主函数两部分，这两个源文件都要在文件的开头部分包含上述头文件，这是面向对象编程的文件规范。

采用这样的文件结构,便于组织人员进行分工,对各个不同文件进行单独编写和编译,最后进行链接。由于类具有封装特性,在程序的调式、修改时,可以做到对某一个类的定义和实现进行修改时,不会影响到类外的其他部分。

6.7 程序实例——人员信息管理程序

本节中我们以第4章实例4.9的基础上对程序作如下改进:

根据静态数据成员的概念,在本例中,我们将应用静态数据成员具有静态生存期的性质来处理本实例中职员编号数据成员。其功能为:在类 employee 中增加一个静态数据成员来设置本公司职员编号目前最大值,新增加的人员编号将在创建对象的同时自动在当前最大值基础上增加,从而减少了调用成员函数 IncreaseEmpNo(int steps)的麻烦。

本例的设计与第4章实例4.9大致相同,只是在基类 employee 中增加一个静态数据成员 static int employeeNo,用来设置本公司职员编号目前最大值,删除了成员函数 IncreaseEmpNo (int steps),其值的改变是在构造函数中进行的。

【例6.12】 人员信息管理程序的改进。

```
//employee.h
class employee
{
protected:
    int individualEmpNo;                //个人编号
    int grade;                          //级别
    float accumPay;                     //月薪
    static int employeeNo;              //本公司职员编号目前最大值
public:
    employee();                         //构造函数
    ~employee();                        //析构函数
    void promote(int);                  //升级函数
    void SetaccumPay (float pa);        //设置月薪函数
    int GetindividualEmpNo();           //提取编号函数
    int Getgrade();                     //提取级别函数
    float GetaccumPay();                //提取月薪函数
};
// employee.cpp
#include<iostream.h>
#include"employee.h"
int employee::employeeNo=1000;          //员工编号基数为1000
employee::employee()
{
    individualEmpNo=employeeNo++;       //新输入的员工编号为目前最大编号加1
    grade=1;                            //级别初值为1
```

```
    accumPay=0.0;                          //月薪总额初值为0
}
employee::~employee(){}
void employee::promote(int increment)
{   grade+=increment;}                     //升级,提升的级数由increment指定
void employee::SetaccumPay (float pa)
{   accumPay=pa;}                          //设置月薪
int employee::GetindividualEmpNo()
{   return individualEmpNo;}               //获取成员编号
int employee::Getgrade()
{   return grade;}                         //获取级别
float employee::GetaccumPay()
{   return accumPay;}                      //获取月薪

//6_12.cpp
#include<iostream.h>
#include"employee.h"
int main()
{
    employee m1;
    employee t1;
    employee sm1;
    employee s1;
    cout<<"请输下一个雇员的月薪:";
    float pa;
    cin>> pa;
    m1.promote(3);                         // m1 提升3级
    m1. SetaccumPay (pa);                  //设置m1月薪
    cout<<"请输下一个雇员的月薪:";
    cin>>pa;
    t1.promote(2);                         //t1 提升2级
    t1. SetaccumPay (pa);                  //设置t1月薪
    cout<<"请输下一个雇员的月薪:";
    cin>> pa;
    sm1.promote(2);                        //s1 提升2级
    sm1. SetaccumPay (pa);                 //设置sm1月薪
    cout<<"请输下一个雇员的月薪:";
    cin >>pa;
    s1. SetaccumPay (pa);                  //设置s1月薪
    //显示m1信息
    cout<<"编号"<<m1.GetindividualEmpNo()
       <<"级别为"<<m1.Getgrade()<<"级,本月工资"<<m1.GetaccumPay()<<endl;
    //显示t1信息
```

```
    cout<<"编号"<<t1.GetindividualEmpNo()
      <<"级别为"<<t1.Getgrade()<<"级,本月工资"<<t1.GetaccumPay()<<endl;
    //显示 sm1 信息
    cout<<"编号"<<sm1.GetindividualEmpNo()
      <<"级别为"<<sm1.Getgrade()<<"级,本月工资"<<sm1.GetaccumPay()<<endl;
  //显示 s1 信息
  cout<<"编号"<<s1.GetindividualEmpNo()
      <<"级别为"<<s1.Getgrade()<<"级,本月工资"<<s1.GetaccumPay()<<endl;
    return 0;
  }
```

程序运行结果为:

请输入下一个雇员的月薪:8000

请输入下一个雇员的月薪:4000

请输入下一个雇员的月薪:7000

请输入下一个雇员的月薪:1600

编号 1000 级别为 4 级,本月工资 8000

编号 1001 级别为 3 级,本月工资 4000

编号 1002 级别为 3 级,本月工资 7000

编号 1003 级别为 1 级,本月工资 1600

通过上面程序可以看出,本例的运行结果与例 4.9 完全一样。但是由于在类 employee 中使用了静态数据成员,从而使得所有类的对象共享了该静态数据,这样在对象生成的同时,通过构造函数即完成了成员编号的自动生成。

小 结

在 C++中,数据的共享与保护机制是一个很重要的特性。其包含的内容主要为标识符的作用域、可见性和生存期,通过类的静态成员实现同一个类的不同对象之间数据和操作的共享,通过常成员来设置成员的保护属性。

程序的多文件结构有利于大型程序开发时文件的组织。

练习题

1. 什么叫做作用域?有哪几种类型的作用域?

2. 什么叫做可见性?可见性的一般规则是什么?

3. 假设有两个无关系的类 Engine 和 Fuel,使用时怎样允许 Fuel 成员访问 Engine 中的私有和保护的成员?

4. 定义一个 Cat 类,拥有静态数据成员 HowManyCats,记录 Cat 的个体数目;静态成员函数 GetHowMany(),存取 HowManyCats。设计程序测试这个类,体会静态数据成员和静态成员函数的用法。

5. 读程序,写结果。

```
class T
{
public:
  T(int x){a=x;b+=x;}
  static void display(T c)
  {
    cout<<"a="<<c.a<<'\t'<<"b="<<c.b<<endl;
  }
private:
    int a;
    static int b;
};
int T::b=5;
int main()
{
    T A(3),B(5);
    T::display(A);
    T::display(B);
}
```

6. 静态成员变量可以为私有的吗?

7. 定义 Boat 与 Car 两个类,二者都有 weight 属性,定义二者的一个友元函数 totalweight(),计算二者的重量和。

8. 定义 X,Y,Z 类函数 h(X *),满足:X 类有私有成员 i,Y 类的成员函数 g(X *)是 X 类的友元函数,实现对 X 类的成员 i 加 1,Z 类是 X 类的友元类,其成员函数 f(X *)实现对 X 类的成员 i 加 5,函数 h(X *)是 X 类的友元函数,实现对 X 类的成员 i 加 10。

上机实习题

1. 实习目的:观察程序运行中变量的作用域、生存期和可见性;学习类的静态成员的使用;学习类的友元函数和友元类的定义和使用。

2. 实习内容:

(1)建立一个"Win32 Console Application"工程,类别为 "An empty project",工程名为 Exapmle06_1。在工程中新建"sample.cpp",输入如下内容。

```
#include<iostream.h>
class B;
class A
{
private:
  int x;
public:
  A(){x=3;y=6;}
```

```
   int y;
   friend void Show();//AA
   friend class B;//BB
};
class B{
public:
   void Show()
   {
      A a;
      cout<<"----IN B::Show() Begin----"<<endl;
      cout<<a.x<<"\t"<<a.y <<endl;
      cout<<"----IN B::Show() end----"<<endl;
   }
};
void Show()
{
   A a;
   cout<<"----IN Show() Begin----"<<endl;
   cout<<a.x<<"\t"<<a.y <<endl;
   cout<<"----IN Show() end----"<<endl;
}
int main()
{
   B b;
   b.Show();
   Show();
}
```

将 AA 行和 BB 行去掉,运行程序,出现什么结果,体会友元函数与友元类的使用。

(2)建立一个"Win32 Console Application"工程,类别为 "An empty project",工程名为 Exapmle06_2。在工程中新建"sample.cpp",输入如下内容。

```
#include<iostream.h>

class A
{
public:
   A(){cout<<"----IN A::A() ----"<<endl;}
   ~A(){cout<<"----IN A::~A() ----"<<endl;}
};
void Show()
{
   cout<<"----IN Show Begin----"<<endl;
   static A a;//AA
```

```
    cout<<"----IN Show End----"<<endl;
}
A c;
int main()
{
    cout<<"----IN Main() Begin----"<<endl;
    A a;
    {
        cout<<"----IN Block Begin----"<<endl;
        A b;
        cout<<"----IN Block End----"<<endl;
    }
    Show();
    Show();
    cout<<"----IN Main() End----"<<endl;
}
```

分析程序运行结果。如果将 AA 行改为:A a;结果与原来的一样吗？体会对象的生存期。

(3)声明一个 Cat 类,拥有静态成员 catnum,记录 Cat 的个体数目;声明静态成员函数 GetHowMany(),存取 catnum。设计程序测试这个类,体会静态数据成员和静态成员函数的用法。

第7章 继承与派生

学习目标:掌握继承与派生的概念;掌握派生的3种访问控制方式;掌握继承和派生过程中类的构造和析构函数访问的先后顺序。

编写程序,在很大程度上是为了描述和解决现实世界中的现实问题。C++中的类很好地采用了人类思维中的抽象和分类方法,类与对象的关系恰当地反映了个体与同类群体共同特征之间的关系。进一步观察现实世界可以看到,不同的事物之间往往不是独立的,很多事物之间都有着复杂的联系。继承便是众多联系中的一种:孩子与父母有很多相像的地方,但同时也有不同;汽车与自行车都从属于一个更抽象的概念——交通工具,但它们无论从外观和功能上都各有不同、各具千秋。

面向对象的程序设计中提供了类的继承机制,允许程序员在保持原有类特性的基础上,进行更具体、更详细的类的定义。以原有的类为基础产生新的类,我们就说新类继承了原有类的特征,也可以说是从原有类派生出新类。派生新类的过程一般包括吸收已有类的成员、调整已有类成员和添加新的成员3个步骤。

7.1 类的继承与派生

继承是面向对象程序设计支持代码重用的重要机制。C++语言中,通过继承,一个新类可以在原有类的基础上派生而来,新类将共享原有类的属性,并且还可以添加新的特性。

7.1.1 派生类的意义

在正式讨论继承之前,先简单地看一下飞机的分类,如图7.1所示。

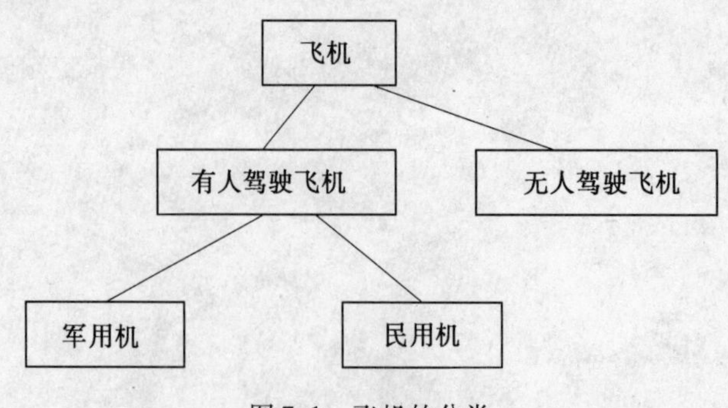

图7.1 飞机的分类

在C++语言中,通过继承,可以让一个类拥有另一个类的全部属性,即让一个类继承另一个类的全部属性。从另一个角度,我们也可以把这一继承过程看成是从一个类派生出一个新类的过程。派生出来的新类称为派生类或子类;而被继承的类称为基类或父类。当然,派生出来的类也可以用作另一个派生类的基类。比如,在图7.1中,我们可以先定义飞机类描述飞机的一般属性,而有人驾驶飞机类则完全可由飞机类派生得到。通过派生,不仅有人驾驶飞机类拥有飞机类的全部属性,而且还可以为它增加一些新特点。同样,军用机类是由有人驾驶飞机类派生而来。

7.1.2 派生类的生成过程

一个基类可以派生出多个派生类;一个派生类也可以由多个基类派生而来。我们称从一个基类派生出一个派生类的过程为单继承;从多个基类派生出一个派生类的过程为多继承。

图7.2(a)和图7.2(b)分别给出了单继承和多继承的例子。在图7.2(a)中,台式机和便携机都是计算机,因此,相应地描述它们属性的台式机类和便携式机类可以由计算机类派生而来,在派生过程中可以各自增加特有的属性,属单继承;在图7.2(b),中硬盘既是输入设备又是输出设备,具有两者的全部属性,因此,相应的硬盘类可以由输入设备类和输出设备类两者综合派生而来,属多继承。

图7.2 单继承与多继承

1. 单继承

一个派生类只有一个直接基类的情况,称为单继承。声明形式如下:

```
class 派生类名: 继承方式  基类名
{
  派生类新成员声明;
};
```

2. 多继承

多继承是指由多个基类派生出一个类的情形。声明形式如下:

```
class 派生类名:继承方式 基类名1,继承方式 基类名2,…,继承方式 基类名n
{
  派生类新成员声明;
};
```

7.2 访问控制

派生类继承了基类的全部数据成员和除了构造函数、析构函数之外的全部函数成员,但是这些成员的访问属性在派生的过程中是可以调整的。从基类继承的成员,其访问属性由继承方式控制。

类的继承方式有 public(公有)、protected(保护)和 private(私有)3 种,如果不显示地给出继承方式关键字,系统默认为是私有继承。不同的继承方式,导致原来具有不同访问属性的基类成员在派生类中的访问属性也有所不同。这里说的访问来自两个方面:一是派生类中的新增成员访问从基类继承的成员;二是在派生类外部(非类族内的成员),通过派生类的对象访问从基类继承的成员。

7.2.1 公有派生

当采用公有派生时,基类中的公有(public)成员和保护(protected)成员的访问权限在派生类中保持不变,而基类的私有(private)成员无论是在派生类中,还是在类外都是不可访问的,即基类的公有成员和保护成员被派生类继承过来。作为派生类的公有成员和保护成员,派生类的其他成员可以直接访问它们。在类外只能通过派生类的对象访问从基类继承的公有成员,无论是派生类的成员还是派生类的对象都无法直接访问基类的私有成员。

【例 7.1】 Point 类公有派生。

```
//Point. h
#include<iostream. h>
class Point   //基类 Point 类的声明
{
public:  //公有函数成员
   void InitP(float xx=0, float yy=0);
   void Move(float xOff, float yOff);
   float GetX();
   float GetY() ;
private:  //私有数据成员
   float X,Y;
};
//Point. cpp
#include"Point. h"
#include<iostream. h>
voidPoint::InitP(float xx, float yy)
{
   X=xx;
   Y=yy;
}
voidPoint::Move(float xOff, float yOff)
{
   X+=xOff;
   Y+=yOff;
}
floatPoint::GetX()
```

```
{ return X; }
floatPoint::GetY()
{ return Y; }
//Rectangle.h
#include "Point.h"
class Rectangle: public Point //派生类声明
{
public: //新增公有函数成员
  void InitR(float x, float y, float w, float h);
  float GetH();
  float GetW();
private://新增私有数据成员
  float W,H;
};
//Rectangle.cpp
#include"Rectangle.h"
#include<iostream.h>
voidRectangle::InitR(float x, float y, float w, float h)
{
  InitP(x,y);
  W=w;
  H=h;
}//调用基类公有成员函数
floatRectangle::GetH()
{ return H; }
floatRectangle::GetW()
{ return W; }
//7-1.cpp
#include<iostream.h>
#include"Rectangle.h"
int main()
{
 Rectangle rect;
 rect.InitR(2,3,20,10);
 //通过派生类对象访问基类公有成员
 rect.Move(3,2);
 cout<<rect.GetX()<<',' <<rect.GetY()<<','<<rect.GetH()<<','
   <<rect.GetW()<<endl;
 return 0;
}
```

程序运行结果为：

5,5,10,20

主函数中首先声明了一个派生类的对象 rect,对象生成时调用了系统自动生成的默认构造函数。然后通过派生类的对象,访问了派生类的公有函数 InitR、Move 等,也访问了派生类从基类继承来的公有函数 GetX( )、GetY( )。这样我们看到了从一个基类以公有方式产生了派生类之后,在派生类的成员函数中,如何通过派生类的对象访问从基类继承的公有成员。

7.2.2 私有派生

当采用私有派生时,基类的私有(private)成员与公有派生相同,无论是在派生类中还是类外都是不可访问的。但基类中的公有(public)成员和保护(protected)成员的访问权限在派生类中则变为私有。即基类的公有成员和保护成员被派生类继承过来,作为派生类的私有成员,派生类的其他成员可以直接访问它们,但是在类外部通过派生类的对象无法直接访问它们;无论是派生类的成员还是派生类的对象都无法直接访问基类的私有成员。

【例 7.2】 Point 类私有继承,在例 7.1 的基础上修改继承属性,并将 Rectangle 类改为:

```
//Rectangle.h
#include "Point.h"
class Rectangle: private Point//派生类声明
{
public: //新增外部接口
    void InitR(float x, float y, float w, float h);
    void Move(float xOff, float yOff);
    float GetX();
    float GetY();
    float GetH();
    float GetW();
private: //新增私有数据
    float W,H;
};

//Rectangle.cpp
#include"Rectangle.h"
#include<iostream.h>
voidRectangle::InitR(float x, float y, float w, float h)
{
    InitP(x,y);
    W=w;
    H=h;
}//访问基类公有成员
voidRectangle::Move(float xOff, float yOff)
{   Point::Move(xOff,yOff); }
floatRectangle::GetX()
{   return Point::GetX();
}//不能直接的引用基类中的 X,但可以通过基类的 GetX()函数引用
floatRectangle::GetY()
{   return Point::GetY();
```

```
}//不能直接的引用基类中的 Y,但可以通过基类的 GetY()函数引用
floatRectangle::GetH()
{   return H; }
floatRectangle::GetW()
{   return W; }

//7_3.cpp
#include<iostream.h>
#include"Rectangle.h"
int main()
{  //通过派生类对象只能访问本类成员
   Rectangle rect;
   rect.InitR(2,3,20,10);
   rect.Move(3,2);
   cout <<rect.GetX()<<',' <<rect.GetY()<<','
        <<rect.GetH()<<','<<rect.GetW()<<endl;
   //这里调用的 GetX 和 GetY 函数是派生类定义的函数,而不是 Point 类中定义的 GetX 和 GetY 函数
   return 0;
}
```

程序运行结果为:

5,5,10,20

本例的 Rectangle 类对象 rect 调用的函数都是派生类自身的公有成员,因为是私有继承,它不可能访问到任何一个基类的成员。

7.2.3　保护派生

当采用保护派生时,基类的私有(private)成员与公有派生相同,无论是在派生类中还是类外都是不可访问的。但基类中的公有(public)成员和保护(protected)成员的访问权限在派生类中则变为保护成员,可以在派生类中使用相应的成员。即基类的公有成员和保护成员被派生类继承过来,作为派生类的保护成员;无论是派生类的成员还是派生类的对象都无法直接访问基类的私有成员。

例如:

```
class A
{
protected:
  int x;
}
class B:protected A
{
public:
  void Function();
```

```
};
void B::Function()
{   x=5;    }
```

在派生类 B 的成员函数 Function 内部,是完全可以访问基类的保护成员的。

7.3 派生类的构造和析构函数

本节着重讨论派生类的构造函数和析构函数的一些特点。由于基类的构造函数和析构函数不能被继承,在派生类的构造函数只负责对派生类新增的成员进行初始化,对所有从基类继承下来的成员,其初始化工作还是由基类的构造函数完成。对派生类对象的清理工作需要加入新的析构函数来完成。

7.3.1 构造函数

系统在创建每一个类的对象时都需要自动调用相应的构造函数,在终止一个对象时,需要调用相应的析构函数。对于派生类,由于其中包含有从基类继承来的和派生类中新声明的成员,而派生类和它的基类都有相应的构造函数和析构函数。因此,创建派生类对象时调用构造函数及终止对象时调用析构函数的过程比较复杂。

现在有一个问题:如果在编程时,需要使派生类的对象在初始化时获得它所需的特定值,如何把这些值传给基类的构造函数?另外,如果基类中具有重载的构造函数,怎么保证创建派生类的对象时,系统会调用基类中正确的构造函数。

这一问题可以通过为派生类定义一个带有初始化列表的构造函数来实现。它的一般形式如下:

派生类名::派生类名(参数列表):基类1(参数表1),基类2(参数表2),…基类n(参数表n),内嵌对象名1(内嵌对象参数表1),内嵌对象名2(内嵌对象参数表2)…,内嵌对象名n(内嵌对象参数表n)
{
派生类中新声明成员初始化语句;
}

派生类构造函数执行的一般顺序如下:

(1)调用基类的构造函数,调用顺序与声明派生类时基类在声明语句中出现的顺序一致。

(2)调用派生类的构造函数。

【例7.3】 派生类构造函数。

```
//7_3.cpp
#include<iostream.h>
class B1                  //基类 B1,构造函数有参数
{
public:
  B1(int i) {    cout<<"constructing B1 "<<i<<endl;}
};
class B2                  //基类 B2,构造函数有参数
```

```
{
public:
    B2(int j) {cout<<"constructing B2 "<<j<<endl;}
};
class B3                //基类 B3,构造函数无参数
{
public:
    B3() {cout<<"constructing B3 *"<<endl;}
};
class C: public B2, public B1, public B3
{
public:                 //派生类的公有成员
    C(int a, int b, int c, int d):
    B1(a),memberB2(d),memberB1(c),B2(b)  {}
private:                //派生类的私有对象成员
    B1 memberB1;
    B2 memberB2;
    B3 memberB3;
};
int main()
{
    C obj(1,2,3,4);
    return 0;
}
```

程序运行结果为:

```
constructing B2 2
constructing B1 1
constructing B3 *
constructing B1 3
constructing B2 4
constructing B3 *
```

程序的主函数中只是声明了一个派生 C 类的对象 obj,生成对象 obj 时调用了派生类的构造函数。我们来考虑 C 类构造函数执行情况,它先调用基类的构造函数,然后调用内嵌对象的构造函数。基类构造函数的调用顺序是按照派生类声明时的顺序,因此应该是先调用 B2 的构造函数,然后调用 B1,最后调用 B3,而内嵌对象的构造函数调用顺序应该是按照成员在类中声明的顺序,应该是先调用 memberB1 的构造函数,然后调用 memberB2 的构造函数,最后调用 memberB3 的构造函数。程序运行的结果验证了这种情况。

7.3.2　拷贝构造函数

当存在类的继承关系时,拷贝构造函数该如何编写呢? 对一个类,如果程序员没有编写拷贝构造函数,编译系统会自动生成一个默认的拷贝构造函数。若建立派生类对象时调用默认

拷贝构造函数,编译器将自动调用基类的拷贝构造函数。

如果要为派生类编写拷贝构造函数,则需要为基类相应的拷贝构造函数传递参数。例如,假设 C 类是 B 类的派生类,C 类拷贝构造函数形式如下:

```
C::C(C &c1):B(c1)
{…}
```

对此,可能有些困惑:B 类的拷贝构造函数参数类型应该是 B 类对象的引用,怎么这里用 C 类对象的引用 c1 作为参数呢?这时因为类型兼容规则在这里起了作用,可以用派生类的引用去初始化基类的引用,见 7.5 节。因此当函数的形参是基类的引用时,实参可以是派生类的引用。

7.3.3 析构函数

派生类析构函数的执行顺序与构造函数正好相反。其顺序是:

(1)调用派生类析构函数。

(2)调用派生类中新增对象成员的析构函数,顺序与它们在派生类中声明的顺序相反。

(3)调用基类的析构函数,调用顺序与声明派生类时基类在声明语句中出现的顺序相反。

【例 7.4】 派生类析构函数。

```
//7_4.cpp
#include<iostream.h>
class B1                    //基类 B1 声明
{
public:
   B1(int i)    {cout<<"constructing B1 "<<i<<endl;}
   ~B1( ) {cout<<"destructing B1 "<<endl;}
};
class B2                    //基类 B2 声明
{
public:
   B2(int j)      {cout<<"constructing B2 "<<j<<endl;}
   ~B2( ) {   cout<<"destructing B2 "<<endl;}
};
class B3                    //基类 B3 声明
{
public:
   B3() {cout<<"constructing B3 *"<<endl;}
   ~B3( ) {cout<<"destructing B3 "<<endl;}
};
class C: public B2, public B1, public B3
{
public:
   C(int a, int b, int c, int d):
   B1(a),memberB2(d),memberB1(c),B2(b){}
```

```
private:
    B1 memberB1;
    B2 memberB2;
    B3 memberB3;
};
int main()
{
    C obj(1,2,3,4);
    return 0;
}
```

程序运行结果为:

```
constructing B2 2
constructing B1 1
constructing B3 *
constructing B1 3
constructing B2 4
constructing B3 *
destructing B3
destructing B2
destructing B1
destructing B3
destructing B1
destructing B2
```

程序执行时,首先执行派生类的构造函数,然后执行派生类的析构函数。派生类默认的析构函数分别调用了成员对象及基类的析构函数,这时的次序与构造函数执行时次序完全相反。

7.4 派生类的成员标识与访问

经过类的派生,就形成了一个具有层次结构的类族,下面我们将讨论标识和访问的成员及其对象的成员访问问题。

在派生类中,成员可以按访问属性划分为4种:

(1)不可访问的成员。这是从基类私有成员继承而来的,派生类或是建立派生类对象的模块都没有办法访问到它们,如果从派生类继续派生新类,也是无法访问的。

(2)私有成员。这里可以包括从基类继承过来的成员以及新增加的成员,在派生类内部可以访问,但是建立派生类对象的模块中无法访问,继续派生,就变成了新的派生类的不可访问成员。

(3)保护成员。可能是新增也可能是从基类继承过来的,派生类内部成员可以访问,建立派生类对象的模块无法访问,进一步派生,在新的派生类中可能成为私有成员或者保护成员。

(4)公有成员。派生类、建立派生类的模块都可以访问,继续派生,可能是新派生类中的私有、保护或者公有成员。

7.4.1 作用域分辨

作用域分辨符,就是我们经常见到的"::",它可以用来限定要访问的成员所在的类的名称,一般的使用形式是:

类名::成员名; //数据成员

类名::成员名(参数表); //函数成员

下面来看看作用域分辨符在类族层次结构中是如何惟一标识成员的。

对于在不同的作用域声明的标识符,可见性规则是:如果存在两个或多个具有包含关系的作用域,外层声明了一个标识符,而内层没有再次声明同名标识符,那么外层标识符在内层仍然可见;如果在内层声明了同名标识符,则外层标识符在内层不可见,这时称内层变量隐藏了外层同名变量,这种现象称为隐藏规则。

在类的派生层次结构中,基类的成员和派生类新增的成员都具有类作用域,二者的作用范围不同,是相互包含的两个层,派生类在内层,基类在外层。

当派生类与基类中有相同成员时:

(1)若未强行指名,则通过派生类对象访问的是派生类中的同名成员。

(2)如果派生类中声明了与基类成员函数同名的函数,不论函数的参数表是否相同都会被隐藏,而不会是函数的重载。

(3)如要通过派生类对象访问基类中被覆盖的同名成员,应使用基类名和作用域分辨符"::"限定。

【例7.5】 多继承同名隐藏举例。

```
//7_5.cpp
#include <iostream.h>
class Base1                  //定义基类 Base1
{
public:
   int var;
   void fun() { cout << "Member of Base1" << endl; }
};
class Base2                  //定义基类 Base2
{
public:
   int var;
   void fun() { cout << "Member of Base2" << endl; }
};
class Derived: public Base1, public Base2//定义派生类 Derived
{
public:
   int var;                  //同名数据成员
   void fun() { cout << "Member of Derived" << endl; }//同名函数成员
};
int main()
```

```
{
    Derived d;
    Derived *p = &d;
    d.var = 1;                //对象名.成员名标识
    d.fun();                  //访问 Derived 类成员
    d.Base1::var = 2;         //作用域分辨符标识
    d.Base1::fun();           //访问 Base1 基类成员
    p->Base2::var = 3;        //作用域分辨符标识
    p->Base2::fun();          //访问 Base2 基类成员
    return 0;
}
```

程序运行结果为：

```
Member ofDerived
Member ofBase1
Member ofBase2
```

在主函数中，创建了一个派生类的对象 d，根据隐藏规则，如果通过成员名称来访问该类的成员，就只能访问到派生类新增加的两个成员，从基类继承过来的成员由于处于外层作用域而被隐藏。这时，要想访问从基类继承来的成员，就必须使用类名和作用域分辨符。

二义性问题：在多继承时，基类与派生类之间，或基类之间出现同名成员时，将出现访问时的二义性（不确定性）——采用虚基数或同名隐藏规则来解决。当派生类从多个基类派生，而这些基类又从同一个基类派生时，则在访问此共同基类中的成员时，将产生二义性，这种情形可采用虚基类来解决，见7.4.2节。

7.4.2　虚基类

当某类的部分或全部直接基类是从另一个共同基类派生而来时，在这些直接基类中从上一级共同基类继承来的成员拥有相同的名称。在派生类的对象中，这些同名数据成员在内存中同时拥有多个拷贝，同一个函数名会有多个映射。我们可以使用作用域分辨符来惟一标识并分别访问它们。也可以将共同基类设置为虚基类，这时从不同的路径继承过来的同名数据成员在内存中就只有一个拷贝，同一个函数名也只有一个映射。这样就解决了同名成员的惟一标识问题。

虚基类的声明是在派生类的声明过程中进行的，其语法形式为：

class 派生类名：virtual 继承方式 基类名

上述语句声明基类为派生类的虚基类。在多继承情况下，虚基类关键字的作用范围和继承方式关键字相同，只对紧跟其后的基类起作用。声明了虚基类之后，虚基类的成员在进一步派生过程中和派生类一起维护同一个内存数据拷贝。

【例7.6】　虚基类举例。

```
//7_6.cpp
#include<iostream.h>
class B0//声明基类 B0
{
```

```
public://外部接口
   int nV;
   void fun(){cout<<"Member of B0"<<endl;}
};
class B1: virtual public B0        //B0 为虚基类,派生 B1 类
{
public://新增外部接口
   int nV1;
};
class B2: virtual public B0        //B0 为虚基类,派生 B2 类
{
public://新增外部接口
   int nV2;
};
class D1: public B1, public B2   //派生类 D1 声明
{
public://新增外部接口
   int nVd;
   void fund(){cout<<"Member of D1"<<endl;}
};
int main()//程序主函数
{
   D1 d1;//声明 D1 类对象 d1
   d1.nV=2;//使用最远基类成员
   d1.fun();
   return 0;
}
```

程序运行结果为:

Member of B0

注意 虚基类声明只是在类的派生过程中使用了 virtual 关键字,使得多个同一基类派生时只产生一个成员。在程序主函数中,我们创建了一个派生类的对象 d1,通过成员名称就可以访问该类的成员 nV 和 fun,而不会出现二义性问题。

7.4.3 虚基类及其派生类的构造函数

在上题中,虚基类的使用显得非常方便、简单,这是由于该程序中所有类使用的都是编译器自动生成的默认构造函数。如果虚基类声明有带形参的构造函数,并且没有声明默认形式的构造函数,情况略为复杂了。这时,在整个继承关系中,直接或间接继承虚基类的所有派生类,都必须在构造函数的成员初始化表中列出对虚基类的初始化。

【例 7.7】 虚基类与派生类的构造函数。

```
//7_7.cpp
#include<iostream.h>
class B0   //声明基类 B0
```

```
{
public: //外部接口
  B0(int n){ nV=n;}
  int nV;
  void fun(){cout<<"Member of B0"<<endl;}
};
class B1: virtual public B0
{
public:
  B1(int a) : B0(a) {}
  int nV1;
};
class B2: virtual public B0
{
public:
  B2(int a) : B0(a) {}
  int nV2;
};
class D1: public B1, public B2
{
public:
  D1(int a) : B0(a), B1(a), B2(a){}
  int nVd;
  void fund(){cout<<"Member of D1"<<endl;}
};
int main()
{
  D1 d1(1);
  d1.nV=2;
  d1.fun();
}
```

程序运行结果为:

Member of B0

这里,读者不免会担心:建立 D1 类对象 d1 时,通过 D1 类的构造函数的初始化列表,不仅直接调用了虚基类构造函数 B0,对从 B0 继承的成员 nV 进行了初始化,而且还调用了直接基类 B1 和 B2 的构造函数 B1()和 B2(),而 B1()和 B2()的初始化列表中也都有对基类 B0 的初始化。这样,对于从虚基类继承来的成员 nV 初始化了 3 次。对于这个问题,C++编译器有很好的解决办法。下面就来看看 C++编译器处理这个问题的策略。我们将建立对象时所指定的类称为当时的最远派生类。例如上述程序中,建立对象 d1 时,D1 就是最远派生类。建立一个对象时,如果这个对象中含有从虚基类继承来的成员,则虚基类的成员是由最远派生类的构造函数通过调用虚基类的构造函数进行初始化的。而且,只有最远派生类的构造函数会调用虚基类的构造函数,该派生类的其他基类(例如,上例中的 B1 和 B2 类)对虚基类构造函数的调用都自动被忽略。

7.5 类型兼容规则

类型兼容规则是指在需要基类对象的任何地方,都可以使用公有派生类的对象来替代。通过公有继承,派生类得到了基类中除构造函数、析构函数之外的所有成员。这样,公有派生类实际就具备了基类的所有功能,凡是基类能解决的问题,公有派生类都可以解决。类型兼容规则中所指的替代包括以下的情况:

(1)派生类的对象可以赋值给基类对象。

(2)派生类的对象可以初始化基类的引用。

(3)派生类对象的地址可以赋给指向基类的指针。

在替代之后,派生类对象可以作为基类的对象使用,但只能使用从基类继承的成员。

如果 B 类为基类,D 为 B 类的公有派生类,则 D 类中包含了基类 B 中除构造、析构函数之外的所有成员。这时,根据类型兼容规则,在基类 B 的对象可以出现的任何地方,都可以用派生类 D 的对象来替代。在如下程序中,b1 为 B 类的对象,d1 为 D 类的对象。

```
class B
{…}
clas D:public B
{…}
B b1, * pb1;
D d1;
```

这时,

① 派生类对象可以赋值给基类对象,即用派生类对象中从基类继承来的成员,逐个赋值给基类对象的成员。

```
b1 = d1;
```

② 派生类的对象可以初始化基类对象的引用。

```
B &bb = d1;
```

③ 派生类对象的地址可以赋给指向基类的指针。

```
pb1 = &d1;
```

由于类型兼容规则的引入,对于基类及其公有派生类的对象,我们可以使用相同的函数统一进行处理(因为当函数的形参为基类的对象时,实参可以是派生类的对象),而没有必要为每一个类设计单独的模块,大大提高了程序的效率。这正是 C++的又一重要特色,多态性,见第八章。下面我们来看一个例子,例中使用同样的函数对同一个类族中的对象进行操作。

【例 7.8】 类型兼容规则举例。

```
//7_8.cpp
#include<iostream.h>
class B0//基类 B0 声明
{
public:
```

```
    void display( ) {   cout<<"B0::display( )"<<endl;}//公有成员函数
};
class B1: public B0
{
public:
    void display( ) {   cout<<"B1::display( )"<<endl; }
};
class D1: public B1
{
public:
    void display( ) {   cout<<"D1::display( )"<<endl; }
};
void fun( B0  * ptr)
{   ptr->display( );  //"对象指针->成员名" }
int main( )//主函数
{
    B0 b0;      //声明 B0 类对象
    B1 b1;      //声明 B1 类对象
    D1 d1;      //声明 D1 类对象
    B0  * p;    //声明 B0 类指针
    p=&b0;      //B0 类指针指向 B0 类对象
    fun( p);
    p=&b1;      //B0 类指针指向 B1 类对象
    fun( p);
    p=&d1;      //B0 类指针指向 D1 类对象
    fun( p);
}
```

程序运行结果为:

```
B0::display( )
B0::display( )
B0::display( )
```

在程序中,声明了一个形参为基类 B0 类型指针的普通函数 fun,根据类型兼容规则,可以将共有派生类对象的地址赋值给基类类型的指针,这样,使用 fun 函数就可以统一对这个类族中的对象进行操作。程序运行过程中,分别把基类对象、派生类 B1 的对象和派生类 D1 的对象赋值给基类类型指针 p,但是,通过指针 p,只能使用基类成员。也就是说,尽管指针指向派生类 D1 的对象,fun 函数运行时通过这个指针只能访问到 D1 类从基类 B0 继承过来的成员函数 display,而不是 D1 类自己的同名成员函数。因此,主函数中 3 次调用函数 fun 的结果是同样的。

7.6　程序实例——人员信息管理程序

本节仍以一个小型公司的人员信息管理为例,进一步说明类的派生过程及虚基类的应用。

7.6.1 问题的提出

通过类的继承和派生来实现月薪处理功能。例如4种类型的雇员,设定各自的月薪计算办法如下:经理拿固定月薪8 000元;兼职技术人员按每小时100元领取月薪;兼职推销员的月薪按该推销员当月销售额的4%提成;销售经理既拿固定月薪也领取销售提成,固定月薪为5 000元,销售提成为所管辖部门当月销售总额的5%。

7.6.2 类设计

根据上述需要,设计一个基类employee,然后派生出technician(兼职技术人员)、manager(经理)类和salesman(兼职推销员)类。由于销售经理既是经理又是销售人员,兼具两类人员的特点,因此同时继承manager和salesman两个类。

在基类中,除了定义构造函数和析构函数以外,还应统一定义各类人员信息应用的操作,这样可以规范类族中各派生类的基本行为。但是各类人员的月薪计算方法不同,不能在基类employee中统一定义计算方法。因此,在本例中可以使基类中定义上述行为的函数体为空,然后在派生类中再根据同名覆盖原则定义各自的同名函数实现具体功能。

由于salesmanager类的两个基类又有公有基类employee,为了避免二义性,这里将employee设计为虚基类。

7.6.3 源程序及说明

```
//employee.h
class employee
{
protected:
    char name[20];                    //姓名
    int individualEmpNo;              //个人编号
    int grade;                        //级别
    float accumPay;                   //月薪总额
    static int employeeNo;            //本公司职员编号目前最大值
public:
    employee();                       //构造函数
    ~employee();                      //析构函数
    void pay();                       //计算月薪函数
    void promote(int);                //升级函数
    void SetName(char *);             //设置姓名函数
    char * GetName();                 //提取姓名函数
    int GetindividualEmpNo();         //提取编号函数
    int Getgrade();                   //提取级别函数
    float GetaccumPay();              //提取月薪函数
};

// technician.h
```

```
#include"employee.h"
class technician:public employee          //兼职技术人员类
{
private:
    float hourlyRate;                      //每小时酬金
    int workHours;                         //当月工作时数
public:
    technician();                          //构造函数
    void SetworkHours(int wh);             //设置工作时数
    void pay();                            //计算月薪函数
};

//salesman.h
#include"employee.h"
class salesman:virtual public employee    //兼职推销员类
{
protected:
    float CommRate;                        //按销售额提取酬金的百分比
    float sales;                           //当月销售额
public:
    salesman();                            //构造函数
    void Setsales(float sl);               //设置销售额
    void pay();                            //计算月薪函数
};

//manager.h
#include"employee.h"
class manager:virtual public employee   //经理类
{
protected:
    float monthlyPay;                      //固定月薪数
public:
    manager();                             //构造函数
    void pay();                            //计算月薪函数
};

//salesmanager.h
#include "manager.h"
#include"employee.h"
class salesmanager:public manager,public salesman   //销售经理类
{
public:
    salesmanager();                        //构造函数
```

```
    void pay();                              //计算月薪函数
};

//employee.cpp
#include<iostream.h>
#include<string.h>
#include"employee.h"
int employee::employeeNo=1000;               //员工编号基数为1000
employee::employee()
{
    individualEmpNo=employeeNo++;            //新输入的员工编号为目前最大编号加1
    grade=1;                                 //级别初值为1
    accumPay=0.0;
}//月薪总额初值为0
employee::~employee()
{}
void employee::pay()                         //计算月薪,空函数
{}
void employee::promote(int increment)
{   grade+=increment;}/                      //升级,提升的级数由increment指定
void employee::SetName(char * names)
{   strcpy(name,names);  }                   //设置姓名
char * employee::GetName()
{   return name;}                            //获取姓名
int employee::GetindividualEmpNo()
{   return individualEmpNo;}                 //获取成员编号
int employee::Getgrade()
{  return grade;}                            //获取级别
float employee::GetaccumPay()
{   return accumPay;}                        //获取月薪

// technician.cpp
#include "technician.h"
#include<iostream.h>
technician::technician()
{   hourlyRate=100;}                         //每小时酬金100元
void technician::SetworkHours(int wh)
{   workHours=wh;}                           //设置工作时间
void technician::pay()
{   accumPay=hourlyRate * workHours;}//计算月薪,按小时计酬

//saleman.cpp
#include"salesman.h"
```

```
#include<iostream.h>
salesman::salesman()
{   CommRate=0.04;}                       //销售提成比例4%

void salesman::Setsales(float sl)
{   sales=sl;}                            //设置销售额

void salesman::pay()
{   accumPay=sales * CommRate;}           //月薪=销售提成
// manager.cpp
#include "manager.h"
#include<iostream.h>
manager::manager()
{   monthlyPay=8000;}                     //固定月薪8 000元

void manager::pay()
{   accumPay=monthlyPay;}                 //月薪总额即固定月薪数

// salesmanager.cpp
#include "Salesmanager.h"
#include<iostream.h>
salesmanager::salesmanager()
{
  monthlyPay=5000;
  CommRate=0.005;
}
void salesmanager::pay()
{   accumPay=monthlyPay+CommRate * sales;   }//月薪=固定月薪+销售提成

//7_9.cpp
#include<iostream.h>
#include"employee.h"
#include"manager.h"
#include"technician.h"
#include"salesman.h"
#include"salesmanager.h"
int main()
{
  manager m1;
  technician t1;
  salesmanager sm1;
  salesman s1;
  char namestr[20];                       //输入雇员姓名时首先临时存放在namestr中
```

```
cout<<"请输下一个雇员的姓名:";
cin>>namestr;
m1.SetName(namestr);              //设置雇员 m1 姓名
cout<<"请输下一个雇员的姓名:";
cin>>namestr;
t1.SetName(namestr);              //设置雇员 t1 姓名
cout<<"请输下一个雇员的姓名:";
cin>>namestr;
sm1.SetName(namestr);             //设置雇员 sm1 姓名
cout<<"请输下一个雇员的姓名:";
cin>>namestr;
s1.SetName(namestr);              //设置雇员 s1 姓名
m1.promote(3);                    //经理 m1 提升 3 级
m1.pay();                         //计算 m1 月薪
cout<<"请输入兼职技术人员"<<t1.GetName()<<"本月的工作时数:";
int ww;
cin>>ww;                          //输入 t1 本月的工作时数
t1.SetworkHours(ww);              //设置 t1 本月的工作时数
t1.promote(2);                    //t1 提升 2 级
t1.pay();                         //计算 t1 月薪
cout<<"请输入销售经理"<<sm1.GetName()<<"所管辖部门本月的销售总额:";
float sl;
cin>>sl;                          //输入 s1 所管辖部门本月的销售总额
sm1.Setsales(sl);                 //设置 s1 所管辖部门本月的销售总额
sm1.pay();                        //计算 s1 月薪
sm1.promote(2);                   //s1 提升 2 级
cout<<"请输入推销员"<<s1.GetName()<<"本月的销售额:";
cin>>sl;//输入 s1 本月的销售额
s1.Setsales(sl);//设置 s1 本月的销售额
s1.pay();//计算 s1 月薪
//显示 m1 信息
cout<<m1.GetName()<<"编号"<<m1.GetindividualEmpNo()
  <<"级别为"<<m1.Getgrade()<<"级,本月工资"<<m1.GetaccumPay()<<endl;
//显示 t1 信息
cout<<t1.GetName()<<"编号"<<t1.GetindividualEmpNo()
  <<"级别为"<<t1.Getgrade()<<"级,本月工资"<<t1.GetaccumPay()<<endl;
//显示 sm1 信息
cout<<sm1.GetName()<<"编号"<<sm1.GetindividualEmpNo()
  <<"级别为"<<sm1.Getgrade()<<"级,本月工资"<<sm1.GetaccumPay()<<endl;
//显示 s1 信息
cout<<s1.GetName()<<"编号"<<s1.GetindividualEmpNo()
  <<"级别为"<<s1.Getgrade()<<"级,本月工资"<<s1.GetaccumPay()<<endl;
}
```

7.6.4　运行结果与分析

程序运行结果为:

请输入下一个雇员的姓名:Zhang

请输入下一个雇员的姓名:Wang

请输入下一个雇员的姓名:Li

请输入下一个雇员的姓名:Zhao

请输入兼职技术人员 Wang 本月的工作时数:40

请输入经销经理 Li 所管辖部门本月的销售总额:400000

请输入推销员 Zhao 本月的销售额:40000

Zhang 编号 1000 级别为 4 级,本月工资 8000

Wang 编号 1001 级别为 3 级,本月工资 4000

Li 编号 1002 级别为 3 级,本月工资 7000

Zhao 编号 1003 级别为 1 级,本月工资 1600

在上述程序中,每个派生类只定义自己新增的成员,基类的成员都被原样继承过来。派生类的构造函数只需初始化本类的新增成员,在建立派生类对象时,系统首先调用基类的构造函数来初始化从基类继承的成员,然后再调用派生类的构造函数初始化新增数据成员。

每个派生类都有与基类成员同名的成员函数 pay( ),在 main( )函数中,当通过派生类的对象调用该函数时,根据隐藏规则,系统将调用派生类的同名函数。基类的空函数 pay( )只起到对类族的基本行为进行规范的作用。

小　结

本章介绍了类的继承与派生及与之相关的知识。类的继承允许程序员在保持原有类特性的基础上,进行更具体、更详细的类的定义。从已有类产生新类的过程就是类的派生。派生类同样也可以作为基类派生新的类,这样就形成了类的层次结构。类的派生实际是一种演化、发展的过程,即通过扩展、更改和特殊化,从一个已知类出发建立一个新类。类的派生通过建立具有共同关键特征的对象家族,从而实现代码重用。这种继承和派生的机制,对于已有程序的代码重用,是极为有利的。

C++类继承中,派生类包含了它所有基类的除构造、析构函数之外的所有成员。对基类成员的改造包括两个方面,第一个是基类成员的访问控制问题,依靠派生类定义时的继承方式来控制;第二个是对基类数据或函数成员的覆盖,对基类的功能进行改造。派生类新成员的加入是继承与派生机制的核心,是保证派生类在功能上进行改造。派生类根据实际情况的需要给派生类添加适当的数据和函数成员,来实现必要的新增功能。同时,在派生过程中,基类的构造函数和析构函数是不能被继承下来的,需要加入新的构造和析构函数。

派生类及其对象的成员标识和访问过程中,实际上有两个问题需要解决,第一个问题是惟一标识问题;第二个问题是成员本身的属性问题,也就是可见性问题。为了解决成员的惟一标识问题,可以采用同名覆盖原则、作用域分辨符和虚基类等方法。

练习题

1. 比较类的3种继承方式public(公有继承)、protected(保护继承)、private(私有继承)之间的差别。

2. 派生类构造函数执行的次序是怎样?

3. 什么叫虚基类?有何作用?

4. 声明一个基类Shape,在此基础上派生出Rectangle和Circle,二者都有GetArea()函数计算对象的面积。使用Rectangle类创建一个派生类Square。

5. 声明一个哺乳动物类Mammal,再由此派生出狗类Dog,声明一个Dog类的对象,观察基类与派生类的构造函数与析构函数的调用顺序。

6. 读程序,写结果。

```
class BASE1
{
public:
  BASE1(int i) { cout<<"constructor of base class BASE1 is called:"<<i<<endl;}
};
class BASE2
{
public:
  BASE2(int j){cout<<"constructor of base class BASE2 is called:"<<j<<endl;}
};
class A: public BASE1, public BASE2
{
public:
  A(int a,int b,int c,int d):BASE2(b), BASE1(c), b2(a), b1(d)
  { cout<< "constructor of derived class A is called:"<<a+b+c+d<<endl;}
private:
  BASE1 b1;
  BASE2 b2;
};
int main()
{
  A obj(1,2,3,4);
}
```

7. 声明一个车(vehicle)基类,具有MaxSpeed、Weight等成员变量,Run、Stop等成员函数,由此派生出自行车(bicycle)类、汽车(motorcar)类。自行车类有高度(Height)等属性,汽车类有座位数(SeatNum)等属性。从bicycle和motorcar派生出摩托车(motorcycle)类,在继承过程中,注意把vehicle设置成虚基类。

8. 声明一个基类Base,有两个公有成员函数fn1()、fn2(),私有派生出Derived类,如何通过Derived类的对象调用基类的函数fn1()?

9. 声明一个 object 类,有数据成员 weight 及相应的操作函数,由此派生出 box 类,增加数据成员 height 和 width 及相应的操作函数,声明一个 box 对象,观察构造函数与析构函数的调用顺序。

10. 声明一个基类 BaseClass,从它派生出 DerivedClass 类,BaseClass 有成员函数 fn1()、fn2(),DerivedClass 也有成员函数 fn1()、fn2(),在主函数中声明一个 DerivedClass 的对象,分别用 DerivedClass 的对象以及 BaseClass 和 DerivedClass 的指针来调用 fn1()、fn2(),观察运行结果。

11. 采用 UML 方法描述如下程序,基类与派生类的关系如图 7.3 所示,观察程序的运行结果。

```
#include <iostream.h>
class Base0
{
public:
   int var0;
   void fun0( ) { cout << "Member of Base0" << endl; }
};
class Base1: virtual public Base0
{
public:
   int var1;
};
class Base2: virtual public Base0
{
public:
   int var2;
};
class Derived: public Base1, public Base2
{
public:
   int var;
   void fun( )
   {
   cout << "Member of Derived" << endl;
}
};
   int main( )
{
   Derived d;
   d.var0 = 2;
   d.fun0( );
   return 0;
}
```

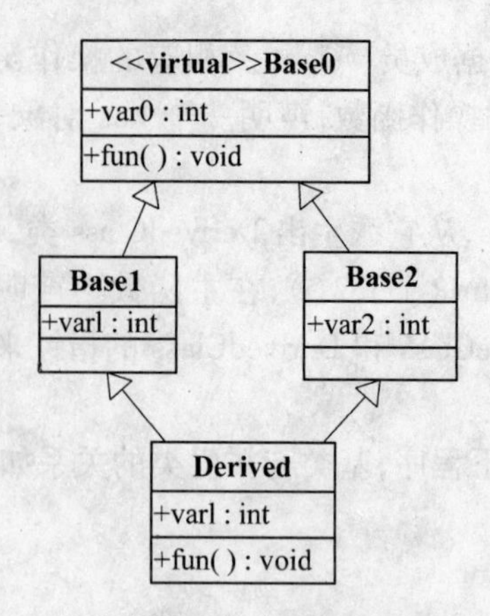

图 7.3　基类与派生类关系的 UML 图形表示

上机实习题

1. 实习目的:

学习声明和使用类的继承关系,声明派生类;熟悉不同的继承方式下对基类成员的访问控制;学习利用虚基类解决二义性问题。

2. 实习内容:

(1)建立一个"Win32 Console Application"工程,类别为"An empty project",工程名为 Exapmle07。在工程中新建"sample. cpp",输入如下内容,分析运行结果。理解类层次中构造函数与析构函数的调用顺序。

```
#include <iostream. h>
class A
{
public:
   A(){cout<<"IN A::A()"<<endl;a=b=c=0;}
   ~A(){cout<<"IN A::~A()"<<endl;}
     int a;
protected:
   int b;
   void Show(){cout<<"IN A::Show()"<<endl;}
private:
   int c;
};
   class B:public A    //A
{
public:
   B(){cout<<"IN B::B()"<<endl;}
   ~B(){cout<<"IN B::~B()"<<endl;}
   void Show()
   {
```

```
    cout<<"IN B::Show()"<<endl;
    cout<<a<<"\t"<<b<<endl;
  //cout<<c;
  }
  };
  class C:public B
  {
  public:
    C(){cout<<"IN C::C()"<<endl;}
    ~C(){cout<<"IN C::~C()"<<endl;}
    void Show(){
    cout<<"IN C::Show()"<<endl;
    cout<<a<<endl;
    cout<<b<<endl;
  //   cout<<c<<endl;
  }
  };
  int main()
  {
    B pb;
    pb.Show();
    C pc;
    pc.Show();
    cout<<pb.a<<endl;;
  //   cout<<pb.b<<endl;
       cout<<pc.a<<endl;;
     //cout<<pc.b<<endl;
  }
```

将A行中的public分别改为protected和private,再运行程序,这时会出现错误,将出现错误的行注释掉,分析结果的含义,尤其注意对C类的影响,体会类继承时不同的继承属性之间的差异。

(2)声明一个车(vehicle)基类,具有MaxSpeed、Weight等成员变量,Run、Stop等成员函数,由此派生出自行车(bicycle)类、汽车(motorcar)类。自行车类有高度(Height)等属性,汽车类有座位数(SeatNum)等属性。从bicycle和motorcar派生出摩托车(motorcycle)类,在继承过程中,注意把vehicle设置成虚基类。如果不把vehicle设置成虚基类,会有什么问题?

多态性

学习目标：掌握多态性的实现原理；掌握虚函数及动态联编的作用；了解抽象基类的基本概念；掌握运算符重载的方法。

8.1　多态性概述

多态性是面向对象程序设计的重要特征，它与封装性和继承性一起并称 OOP 的三大特征。封装使 C++程序组织严密，继承使其结构科学，多态则使其生动而富有表现力。

在面向对象理论中，多态性的定义是：同一操作作用于不同的对象，将产生不同的执行结果，即不同类的对象收到相同的消息时，会产生不同的结果。通俗地说，多态性就是多种表现形式，即可以用"一个对外接口，多个内在实现方法"表示。例如，计算机中的堆栈可以存储各种格式的数据，包括整型，浮点或字符。不管存储的是何种数据，堆栈的算法实现是一样的。处理不同的数据类型时，编程人员不必手工选择，只需使用统一接口名，系统可自动执行不同的操作。

多态性包含静态多态性（编译时的多态性）、动态多态性（运行时的多态性）两大类。静态多态性是指定义在一个类中的同名函数，它们根据参数表（类型以及个数）区别语义，并通过"静态联编"实现，例如，在一个类中定义的不同参数的构造函数。动态多态性是指定义在一个类层次的不同类中原型完全相同的函数，需要根据指针指向的对象所在类来区别语义，它通过"动态联编"实现。动态多态从外在表现来看，就是指发出同样的消息被不同类型的对象接收时，有可能导致完全不同的行为；即类的成员函数的行为能根据调用它的对象类型自动作出相应的调整，而且调整是发生在程序运行时。

对于多态性，最关键也是最重要的是理解：当一个基类被继承为不同的派生类时，各派生类可以使用与基类成员相同的成员名，如果在运行时用同一个成员名调用类对象的成员，会调用哪个对象的成员？也就是说，要理解通过继承而产生了相关的不同的派生类，与基类成员同名的成员在不同的派生类中的含义有什么不同。

先看下面这个简单的例子：

【例 8.1】　两种多态性。

```
//8.1.cpp
  #include <iostream.h>
  class A {
  public:
     //用来表现编译时的多态性
```

```
    void test() { cout<<"a class"<<endl; }
  //用来表现运行时的多态性,如果不加 virtual 就是编译时的多态
    //virtual void test() { cout<<"a class"<<endl; }
};
class B:public A
{
public:
    void test() {cout<<"b class"<<endl;}
};
int main()
{
    B b;
    A *p=&b;
    p->test();
    return 0;
}
```

程序运行结果为:

a class

将 void test() { cout<<"a class"<<endl; } 这句加上注释,并将//virtual void test() { cout<<"a class"<<endl; } 这句从注释中恢复出来,再运行程序,结果为:

b class

这是为什么呢?

8.2 静态联编与动态联编

8.2.1 函数重载与静态联编

函数重载指的是,允许多个不同的函数使用同一个函数名,但要求这些同名函数具有不同的参数表。例如,类定义时允许给出多个同名的构造函数,但要求它们的参数表必须不相同,这就是函数重载的表现。允许函数重载和运算符重载,则可通过使用同样的函数名和同样的运算符来完成不同的数据处理与操作。系统在编译过程中就可以确定该函数与程序中的哪一段代码相联系,即在编译时就已确定函数调用语句对应的函数体代码,故称为静态联编(static banding)处理方式。

8.2.2 虚函数及动态联编

多态性的另一种体现在C++语言程序中允许存在有若干函数,有完全相同的函数原型,却可以有相异的函数体。在编译阶段,系统是无法判断此次调用应执行哪一段函数代码,只有到了运行过程中执行到此处时,才能临时判断应执行哪一函数代码,这种处理方式称为动态联编(dynamic banding)。C++的动态联编是通过虚函数实现的。

1. 虚函数

虚函数是C++语言中的重要概念,它在编程中的灵活使用,可使程序具有更好的结构和

可重用性。

在定义某一基类时,若将其中的某一非静态成员函数的属性说明为virtual,则称该函数为虚函数。其一般说明形式为:

virtual <返回类型><函数名>(<参数表>){… };

虚函数的使用与函数重写密切相关。若基类中某函数被说明为虚函数,则意味着其派生类中也要定义与该函数同名、同参数表、同返回类型,但函数体不同的函数。在例8.1程序中的test()在被virtual修饰的时候就成为一个虚函数,我们再举一个更复杂的例子,例如:

```
class graphelem
{ //类 graphelem 作为其他图元类的基类
protected:
   int color; //颜色 color
public:
   graphelem(int col){   color=col;   }
   virtual void draw(){ ... };//基类中含有一个虚函数
};
```

上述的基类graphelem中之所以自定义了一个虚函数draw,是因为它的每一个派生类都要画出属于那一派生类的类对象图形,所以可利用函数重写的手段,在基类graphelem及其派生类中,共用同一个虚函数draw。下面是其各派生类定义的"框架"。

```
class line:public graphelem{        //自定义类 line,为基类 graphelem 的派生类
public:
   virtual void draw(){ ... };    //虚函数 draw,负责画出"line"
...
};
class circle:public graphelem{      //自定义类 circle,为基类 graphelem 的派生类
public:
   virtual void draw(){ ... };    //虚函数 draw,负责画出"circle"
...
};
class triangle:public graphelem{  //类 triangle,为基类 graphelem 的派生类
public:
   virtual void draw(){ ... };    //虚函数 draw,负责画出"triangle"
...
};
```

把基类中的函数draw()说明为虚函数,从而其所有派生类中的具有相同原型的函数成员draw()也就都成为虚函数。

虚函数的机制要点为:

(1)在基类CB中说明某一函数成员f()为虚函数,方法是在说明前加关键字"virtual"。如virtual void draw();

(2)在CB的各个派生类CD1,CD2,…,CDn中定义与f()的原型完全相同的函数成员f

()。无论是否用关键字 virtual 来说明它们,它们自动地定义为虚函数,即派生类中虚函数处的关键字 virtual 可以省略,但基类处的不可省。

(3)当在程序中采用以 CB 类指针 pb 的间接形式调用函数 f(),即使用 pb->f()时,系统对它将采用动态联编的方式进行处理。

虚函数和重载函数既有相似之处,又相互有区别。它们都是在程序中设置一组同名函数,都反映了面向对象程序中多态性特征,但虚函数有自己的特点:

(1)虚函数不仅同名,而且同原型;

(2)虚函数仅用于基类和派生类之中,不同于函数重载可以是类内或类外函数;

(3)虚函数需在程序运行时动态联编以确定具体函数代码,而重载函数在编译时即可确定;

(4)虚函数一般是一组语义相近的函数,而函数的重载,可能相互是语义无关的。

还要指出的是:构造函数不能说明为虚函数,因为构造函数的调用一般出现在对象创建的同时或之前,这时无法用指向其对象的指针来引用它。但析构函数可以说明为虚函数,此时这一组虚函数的函数名是不同的。当采用基类指针释放对象时,应注意把析构函数说明为虚函数,以确定释放的对象。

2. 动态联编

动态联编与虚函数以及程序中使用指向基类的指针密切相关。C++规定,基类指针可以指向其派生类的对象,即可将派生类对象的地址赋给其基类指针变量,但反过来不可以,这一点正是函数重写及虚函数用法的基础。

先来看这样一个例子:建立 line 类、circle 类以及 triangle 类的类对象,而后调用它们各自的 draw 函数画出图形。有下面两种方法:

方法 1:直接通过类对象调用它们各自的 draw 函数,因为由类对象可以唯一确定要调用哪一个类的 draw 函数。

```
line ln1;
circle cir1;
triangle tri1;
ln1.draw();
cir1.draw();
tri1.draw();
```

方法 2:使用指向基类的指针,而后通过指针间接调用它们各自的 draw 函数。这种是动态联编方式,要靠执行程序时指针的"动态"取值来确定调用哪一个类的 draw 函数。

```
graphelem *pObj;
line ln1; circle cir1; triangle tri1;
pObj=&lin1; pObj->draw();
pObj=&cir1; pObj->draw();
pObj=&tri1; pObj->draw();
```

在编绎阶段,系统发现要调用的是一个虚函数 draw(),而此时它又无法确定程序究竟要调用哪一个派生类的重写函数 draw,因为这依赖于运行时 pObj 指针的动态取值。此种情况下,系统就会采用动态联编方式来处理:在运行阶段,通过 pObj 指针的当前值,去动态地确定出它所指向的那一个对象所属的类(基类或某一派生类),而后再去找到该类的那一个函数的函数体代码去执行。因此直到程序执行时才决定把表示式 pObj->draw()到底和哪一个 draw()的执行代码相联系。

动态联编的执行步骤是:

(1)在编译过程中,扫描到表达式 pObj->draw()时,首先检查 draw()是否为虚函数,若 draw()不是虚函数,则按静态联编处理,在编译时就为 draw()确定了对应的函数体代码。

(2)若 draw()为虚函数,则仅把与 draw()同原型的虚函数的地址信息等列表待查。

(3)在程序运行阶段,当程序执行到表达式 pObj->draw()时,根据指针当前所指向的对象,来决定这时的 draw()应执行哪个类中的哪个 draw(),从而决定执行哪个函数体。表达式 pObj->draw()虽然可以代表不同的函数 line::draw(),circle::draw(),triangle::draw(),但却不必由程序员在编程时用作用域分辨符"::"等来指定这里的 draw()是哪一个——这就是动态联编的关键。运行着的程序根据当前指针 pObj 所指向的对象是属于哪个类的,再决定到底执行哪个 draw()。现在应该可以理解例 8.1 程序的执行结果了。

3. 虚函数的作用

在程序设计中利用虚函数和动态联编的方式,可以提高程序的水平和质量。是否能够在程序中充分地、正确地使用虚函数,是衡量一个 C++程序员编程水平的标志之一。采用虚函数对于程序有益之处在于以下几点:

(1)可使程序简单易读。例如,如果不如此处理上面讨论的实例,"pObj->draw()"肯定就要复杂的多;首先,在 draw()之前须增加类属限定符,显式地指明这里的 draw()是指哪个类的函数成员;其次,由于当前 pObj 指针指向的对象是属于哪个类的,不一定可以简单确定,很可能需要若干条件判断语句来完成。

(2)它使得程序模块间的独立性加强。例如有另一个类需要对各种图形进行屏幕显示,通过虚函数的处理,它可以只与基类 graphelem 及其指针 pObj、函数成员 draw()直接打交道,而与 graphelem 类的派生类 rectangle、circle、triangle、square 等没有直接的联系。

(3)增加了程序的易维护性。例如,在 graphelem 类的派生类中再增加一个派生类 ladder,除了增加 ladder 类的定义之外,有关调用虚函数 draw()的程序不需要修改!

(4)提高了程序中"信息隐藏"的等级。类的封装本身是私有成员的隐藏,而在基类与派生类之间虚函数的设置,实际上是以各派生类的基类为对外的接口,被隐藏的实际上是在各派生类中内容各异的实际处理。

8.3 纯虚函数与抽象基类

8.3.1 抽象基类

抽象基类的概念是虚函数的自然引申,它是虚函数使用的一个更理想的形式。如果不准备在基类的虚函数中做任何事情,则可使用如下的格式将该虚函数说明成纯虚函数:

virtual<函数原型>=0;

即若在虚函数的原型后加上"=0"字样而替掉函数定义体来表示此函数没有具体的实现,则这样的虚函数称为纯虚函数。例如:virtual void print()=0;

纯虚函数只为其派生类的各虚函数规定了一个“原型规格”,该虚函数的实现将在它的派生类中给出,含有纯虚函数的基类称为抽象基类。

注意 不可使用抽象基类来说明并创建它自己的对象,只有在创建其派生类对象时,才有抽象基类自身的实例伴随而生。抽象基类的引入,体现了上文中通过虚函数使基类作为这一组类的抽象对外接口的思想。通过抽象基类,再加上各派生类的特有成员,以及对基类中那一纯虚函数的具体实现,方可构成一个具体的实用类型。许多引入虚函数的程序,把基类的虚函数说明为纯虚函数,从而使基类成为一种抽象基类,可以更自然的反映实际应用问题中对象之间的关系。如果一个抽象基类的派生类中没有定义基类中的那一纯虚函数、而只是继承了基类之纯虚函数的话,则这个派生类还是一个抽象基类。只有在派生类中给出了基类所有纯虚函数的实现,该类才不是抽象基类。

下面以一个图形面积计算方面的应用为例,介绍抽象基类的使用。要求能够输入任意个三角形及底和高、任意个矩形及长和宽,以及任意个圆和半径。计算每个图形的面积并输出,同时输出每次面积的累加和。

先对程序中各个类之间的关系以及对应的数据结构进行分析,相应的程序在后面列出。程序中 Shape 类以及它的一个直接派生类——多边形 Polygon 类为抽象类,由 Polygon 类公有派生出三角形 Triangle 类、矩形 Rectangle 类。由于圆不属于多边形,因此 Circle 类直接从 Shape 类继承。另外,以 Application 类为基类派生出了 Myprogram。在 Application 类的成员函数 Compute 中,通过 Shape 类型的指针数组形参 Shape ＊s[]将 Shape 类及其派生类与 Application 类及其派生类联系到一起。

理解程序中各个类的数据结构有助于对程序的进一步理解。以 Shape 类型的指针数组 Shape ＊s[3]为起点分析程序中各个类的数据结构如图 8.1 所示:

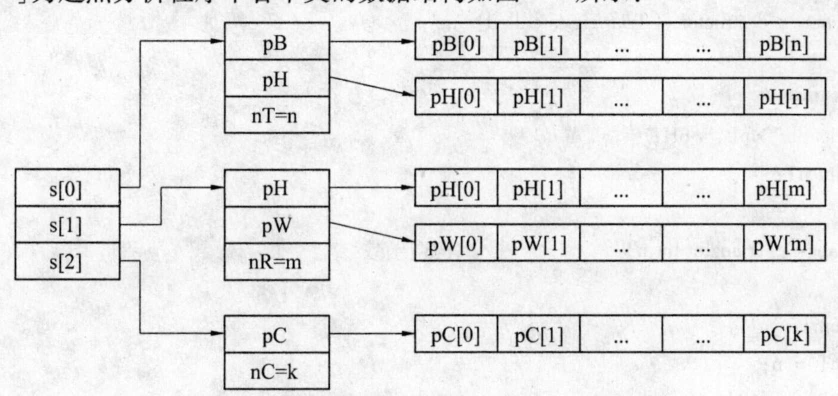

图 8.1 Shape 类型的指针数组指向的数据结构

图 8.1 中 s[0]指向三角形 Triangle 类对象,s[1]指向矩形 Rectangle 类对象,s[2]指向圆形 Circle 类对象。Triangle 类中的 double 类型指针 pB 指向底数组的起始元素,double 类型指针 pH 指向高数组的起始元素,nT=n 表示共有 n 个三角形的数据。对 Rectangle 类和 Circle 类的数据结构可以做类似的解释。

程序如下:

【例 8.2】 抽象基类的使用。

```
//8_2.cpp
```

```
#include<iostream.h>
class Shape                              //抽象类
{
public:
   virtual double Area(int ) const = 0; //纯虚函数
   virtual int Get_N(void){return 0;}
   virtual ~Shape(){cout<<"destructor of Shape is called! \n";}
};
class Polygon : public Shape             //从Shape抽象类又派生出一个抽象类
{
public:
   virtual double Area(int ) const = 0; //纯虚函数
};
class Triangle : public Polygon          //派生自抽象类Polygon
{
public:
   Triangle(int n);
   //实现了基类的纯虚函数就不再是抽象类了
   double Area(int i) const {return pB[i]*pH[i]*0.5;}
   int Get_N(void){ return nT;}
    ~Triangle(){
   delete [] pB;
   delete [] pH;
   cout<<"destructor of Triangle is called! \n";
}
private:
   double *pB, *pH;
   int nT;
};
Triangle::Triangle(int n)                //构造函数
{
   int i;
   nT = n;
   pB = new double[n];
   pH = new double[n];
   cout<<"input bottom and high. \n";
   for(i=0;i<n;i++)
cin>>pB[i]>>pH[i];
}
class Rectangle : public Polygon         //派生自抽象类Polygon
{
public:
   Rectangle(int n);
```

```
    //实现了基类的纯虚函数就不再是抽象类了
    double Area(int i) const {return pH[i] * pW[i];}
    int Get_N(void){ return nR;}
    ~Rectangle(){
      delete [] pH;
      delete [] pW;
      cout<<"destructor of Rectangle is called! \n";
      }
private:
    double *pH, *pW;
    int nR;
};
Rectangle::Rectangle(int n)                //构造函数
{
    int i;
    nR = n;
    pH = new double[n];
    pW = new double[n];
    cout<<"input length and wide. \n";
    for(i=0;i<n;i++)
    cin>>pH[i]>>pW[i];
}
class Circle : public Shape                //派生自抽象类 Shape
{
public:
    Circle(int n);
    //实现了基类的纯虚函数就不再是抽象类了
    double Area(int i) const {return pC[i] * pC[i] * 3.14;}
    int Get_N(void){ return nC;}
    ~Circle(){
      delete [] pC;
      cout<<"destructor of Circle is called! \n";
    }
private:
    double *pC;
    int nC;
};
Circle::Circle(int n)                      //构造函数
{
    int i;
    nC = n;
    pC = new double[n];
    cout<<"input radious. \n";
```

```
    for(i=0;i<n;i++)
    cin>>pC[i];
}
class Application
{
public:
    double Compute(Shape *s[], int n) const;
};
double Application::Compute(Shape *s[],int n) const
{
    double sum = 0;
    int n1 =0;
    for(int i=0;i<n;i++){                    //遍历基类指针数组
      n1 =s[i]->Get_N();                     //利用多态性调用不同的派生类函数
      for(int k=0;k<n1;k++){
         sum += s[i]->Area(k);               //利用多态性调用不同的派生类函数
         cout<<"sum="<<sum<<"\tarea="<<s[i]->Area(k)<<endl;
      }
    }
    return sum;
}
class Myprogram : public Application
{
public:
    Myprogram();
    ~Myprogram();
    int Run();
private:
    Shape **s;
};
Myprogram::Myprogram()                       //构造函数
{
    s = new Shape*[3];                       //动态创建基类指针数组
    int num=0;
    cout<<"input the number of triangles. \n";
    cin>>num;
    s[0] = new Triangle(num);                //动态创建派生类对象,并将指针赋值给基类指针
    cout<<"input the number of rectangles. \n";
    cin>>num;
    s[1] = new Rectangle(num);               //动态创建派生类对象,并将指针赋值给基类指针
    cout<<"input the number of circles. \n";
    cin>>num;
    s[2] = new Circle(num);                  //动态创建派生类对象,并将指针赋值给基类指针
```

```
}
int Myprogram::Run()
{
  double sum = Compute(s,3);
  cout<<sum<<endl;
  return 0;
}
Myprogram::~Myprogram()
{
  int i;
  for(i=0;i<3;i++)
  delete s[i];
  delete [] s;
}
int main()
{
  return Myprogram().Run();
}
```

在 Shape 类中声明了纯虚函数 Area，其形参给出某类图形中的某个图形，该函数则计算规定图形的面积。另外，在 Shape 类中还声明和定义了虚函数 Get_N，它返回某种类型图形总的个数。Shape 类的析构函数也被定义成虚函数，这样做的原因在下一节虚析构函数中讨论。Polygon 类也是抽象类。由于在 Circle 类、Triangle 类和 Rectangle 类都给出了它们基类的纯虚函数 Area 的实现，因此它们都不是抽象类。

Myprogram 类的构造函数中首先通过 s=new Shape *[3]创建有 3 个元素的 Shape 类型的指针数组并 s 指向该数组。随后依次要求用户输入各种图形对象的个数，然后通过动态创建各种图形对象时对其所在类构造函数的调用，将图形对象的个数传递给各个类的构造函数，在各个类的构造函数中要求用户进一步输入各个图形的几何特征数据，并动态创建 double 类型的数组来存放这些几何特征数据。并且用对应的指针成员指向这些动态数组。从而完成图 8.1 给出的数据结构的构造。

Application 类中的成员函数 Compute 通过调用 s[i]->Area(k)，计算各个图形的面积，并且计算每次面积累加过程中的累加和，然后输出计算结果。该函数中的调用 s[i]->Get_N() 和 s[i]->Area(k)具有多态特征，实际调用的函数要依据 s[i]实际指向对象的类型来定。当分别输入一个底为 10、高为 20 的三角形，一个长为 10、宽为 20 的三角形，以及一个半径为 10 的圆时，程序的输入过程和运行结果如下：

```
input the number of triangles.
1
input bottom and high.
10 20
input the number of rectangles.
1
input length and wide.
```

```
10 20
input the number of circles.
1
input radious.
10
sum=100  area=100
sum=300  area=200
sum=614  area=314
614
destructor of Triangle is called!
destructor of Shape is called!
destructor of Rectangle is called!
destructor of Shape is called!
destructor of Circle is called!
destructor of Shape is called!
```

8.3.2　虚析构函数

在例8.2中将Shape类的析构函数定义成虚析构函数,如果将例8.2中Shape类的析构函数前面的virtual去掉,这样该析构函数就不再是虚析构函数。在与例8.2相同的输入情况下,程序运行结果的面积计算部分没有变化,但是析构过程的输出变为:

```
destructor of Shape is called!
destructor of Shape is called!
destructor of Shape is called!
```

这说明,在Myprogram的析构函数中执行deletes[i]时,系统将析构过程简单静态联编到Shape的析构函数的调用上,结果造成Triangle类、Rectangle类和Circle类的析构函数没有被调用,这会产生什么样的后果呢?s[0]、s[1]以及s[2]所指的三个后续对象没有被清除,更糟糕的是每个对象指针成员所指向的动态存储也没有被回收。这样三个后续对象以及它们指针成员所指向的动态存储变成内存中的垃圾。在例8.2中,这些垃圾会在程序运行结束时由系统回收,但是就此时的程序本身而言已经具有产生垃圾的副作用。如果增加一个fun函数:

```
void fun(void)
{
  int x;
  x=Myprogram().Run();
}
```

并将mian函数改为:

```
int main()
{
  fun();
}
```

则 main 函数调用 fun 函数,在 fun 函数中执行完 x=Myprogram( ). Run( ) 并且返回时,Triangle 类对象、Rectangle 类对象和 Circle 类对象以及它们指针成员所指向的动态存储不会被回收,它们将无意义的驻留在内存中形成垃圾,消耗系统的存储资源。如果将 main 函数进一步改为:

```
int main( )
{
   int i,n=100;
   for(i=0;i<n;i++)
   fun( );
   return Myprogram( ). Run( );
}
```

垃圾占据的存储空间将扩大 100 倍。如果 n 值很大,则垃圾可以将系统的内存资源耗尽!这就是为什么要引入虚析构函数的实际应用背景。

声明虚析构函数的一般形式是:

```
virtual ~类名( );
```

定义虚析构函数的一般形式是:

```
~类名( )
{
… //函数体
}
```

当然也可以用:

```
virtual ~类名( )
{
… //函数体
}
```

只要基类的析构函数声明为虚析构函数,则派生类中的析构函数自动成为虚析构函数,因此可以不必使用 virtual 关键字修饰。

8.4　运算符重载

8.4.1　运算符重载的概述

C++语言中的运算符实际上是函数的方便表示形式,例如,算术运算符“+”也可以表示为函数形式:

```
int add (int a, int b) {return a+b;};
```

这时,a+b 和 add(a,b)的含义是一样的。函数可以重载,运算符也可以重载。C++语言规定,大多数运算符都可以重载,可重载的运算符如下:

单目运算符:

-, ~, !, ++, --, new, delete

双目运算符:

+,-,*,/,% (算术运算)

&,|,^,<<,>> (位运算)

&&,||(逻辑运算)

= =,! =,<,<=,>,>= (关系运算)

= (赋值运算)

+=,-=,*=,/=,%= (赋值运算)

^=,&=,|=,>>=,<<= (赋值运算)

, (逗号运算)

<<,>>(I/O 运算)

(),[](其他)

关于这些可重载运算符,有几点需要说明:

(1)所列可重载运算符几乎包含了 C++的全部运算符集,例外的是:

限定符. 和::

条件运算符?:

取长度运算符 sizeof

它们不可重载。

(2)在可重载的运算符中有几种不同情况:

① 算术运算符、逻辑运算符、位运算符和关系运算符中的<、>、<=、>=这些运算都与基本数据类型有关,通过运算符重载函数的定义,使它们也用于某些用户定义的数据类型,这是重载的主要目的。

② 赋值运算符=、关系运算符= =和! =、指针运算符 & 和 *、下标运算符[ ]等,它们的运算所涉及的数据类型按 C++程序规定,并非只限于基本数值类型。因此,这些运算符可以自动地扩展到任何用户定义的数据类型,一般不需作重载定义就可“自动”地实现重载。不过在某些特定情况下,也可由用户定义其重载函数。这种情形相对较少,大多包含指定的特殊操作。

8.4.2 单目运算符的重载

单目运算符++和--实际上各有两种用法,前缀增(减)量和后缀增(减)量。其运算符重载函数的定义当然是不同的,对两种不同的运算无法从重载函数的原型上予以区分:函数名(operator ++)和参数表完全一样。为了区别前缀++和后缀++,C++语言规定,在后缀++的重载函数的原型参数表中增加一个 int 型的无名参数。其原型形式为:

前缀++:〈类型〉operator ++() //作为类成员

〈类型〉operator ++(〈类型〉) //作为类外函数

后缀++:〈类型〉operator ++(int) //作为类成员

〈类型〉operator ++(〈类型〉,int) //作为类外函数

关于减量运算符--的重载方式相同。其调用方法为:

前缀++:++a 或 a. operator++()

operator++(a)

后缀++：a++或 a. operator++(0)

operator++(a,0)

8.4.3 运算符重载的定义

运算符的重载是一个特殊函数定义过程，这类函数是以 operator<运算符>作为函数名。由于运算符重载要涉及用户定义的数据类型，而 C++程序中的用户定义类型大多以类（结构，联合）的定义形式出现，在本节仅对 enum（枚举）类型作为重载的简单实例。假设程序中定义了一个枚举类型的 bool 类型：

```
enum bool{FALSE,TRUE};
```

用运算符+（双目），*（双目），-（单目）来表示或、与、非运算是十分方便的。

```
bool operator + (bool a,bool b)
{
  if((a==FALSE)&&(b==FALSE)) return FALSE;
  return TRUE;
}
bool operator * (bool a,bool b)
{
  if((a==TRUE)&&(b==TRUE)) return TRUE;
  return FALSE;
}
bool operator-(bool a)
{
  if(a==FALSE) return TRUE;
  return FALSE;
}
```

这样我们就为 Bool 类型的变量或常量定义了双目运算+、* 和单目运算-，实现了布尔量的或、与、非的运算（如果改用运算符 &、|、! 也可以起到同样的作用），例如，我们可以在程序中方便的表示其运算：

```
b1=b1+b2;
b1=-b3;
b1=(b1+b3) * FALSE;
```

运算符重载函数的调用可有两种方式：

（1）与原运算符相同的调用方式，如上例中的 b1+b2、b1 * b2 等。

（2）一般函数调用方式，如 b1+b2，也可以写为 operator+(b1,b2)。被重载的运算符的调用方式、优先级和运算顺序都与原运算符一致，其运算分量的个数也不可改变。

一般来说，在自定义类中可以通过两种方式对运算符进行重载：按照类成员方式或按照友元方式。运算符重载的定义是一个函数定义过程（其函数名为：operator <运算符>）。例如，在自定义 set 类中，通过友元（函数）方式定义“&”运算符，用于处理集合元素的包含关系，并通过类成员（函数）方式定义“+”运算符，用于实现二集合的求并运算：

```
class set
{
  int elems [maxcard];        //集合各元素放于私有数据成员 elems 中
  int card;                   //集合中的实际元素个数 card
public:
  ...
  friend bool operator & (int, set);
  set operator + (set S2);
  ...
};
```

上述定义的友元函数为“operator &”,用来重载运算符 &,扩充其功能,使之能处理“<int> & <Set>”式样的运算,用于判断第一分量的<int>集合元素是否包含于第二分量的<Set>集合之中。如,3 & s1,用来判断集合元素 3 是否包含于集合 s1 之中。以类成员函数方式重载了运算符“+”:将当前调用者对象,即集合 * this 与集合 S2 的并集合返回。函数名为“operator +”,重载运算符“+”,扩充其功能,使之能处理“<Set> + <Set>”式样的运算,用于求出两个集合的并,如,s1+s2。

当以类的友元函数方式来重载运算符(也称为友元运算符)时,具有如下特征:

(1)友元函数内(定义处)可处理与使用本类的私有成员。

(2)所有运算分量必须显式地列在本友元函数的参数表中(由于友元函数中没有 this 指针),而且这些参数类型中至少要有一个应该是说明该友元类的类型或是对该类的引用。

当以类的公有成员函数方式来重载运算符(也称为类运算符)时,具有如下特征:

(1)类成员函数内(定义处)可处理与使用本类的私有成员。

(2)总以当前调用者对象(* this)作为该成员函数的隐式第一运算分量,若所定义的运算多于一个运算对象时,才将其余运算对象显式地列在该成员函数的参数表中;一般地说,单目运算符重载常选用成员函数方式,而双目运算符重载常选用友元函数方式。但不管选用哪种重载方式,对重载算符的使用方法则是相同的。

注意 被用户重定义(重载)的运算符,其优先级、运算顺序(结合性)以及运算分量个数都必须与系统中的原运算符相一致,而且不可自创新的运算符。

1. 用友员方式实现重载

看这样一个例子:自定义一个 point 类,表示平面上的一个点(x,y),并通过友员方式对该类重载二目运算符“+”和“^”,用来计算两个对象的和以及两个对象(平面点)的距离。运算符的使用含义如下所示:

(1.2, -3.5) + (-1.5, 6) = (-0.3, 2.5);

(1.2, -3.5) ^ (-1.5, 6) = 9.87623。

【例 8.3】 运算符重载。

```
//8_3.cpp
#include <iostream.h>
#include<math.h>
class point
```

```
{
    double x,y;
public:
    point (double x0=0, double y0=0) {x=x0; y=y0;}
    friend point operator + (point pt1, point pt2);
    friend double operator ^ (point pt1, point pt2);
    void display();
};
point operator + (point pt1, point pt2)
{   //二目运算符"+",求出两个对象的和
    point temp;
    temp.x=pt1.x+pt2.x;
    temp.y=pt1.y+pt2.y;
    return temp;
}
double operator ^ (point pt1, point pt2)
{   //二目运算符"^",求出两个对象(平面点)的距离
    double d1, d2, d;
    d1=pt1.x-pt2.x;
    d2=pt1.y-pt2.y;
    d=sqrt(d1*d1+d2*d2);
    return (d);
}
void point::display ()
{   cout <<"( "<<x<<", "<<y<<" )"<<endl;}
int main()
{
    point s0, s1(1.2, -3.5), s2(-1.5, 6);
    cout<<"s0="; s0.display();
    cout<<"s1="; s1.display();
    cout<<"s2="; s2.display();
    s0=s1+s2; //二对象的"+"运算,将调用"operator +"函数
    cout<<"s0=s1+s2="; s0.display();
    cout<<"s1^s2="<<(s1^s2)<<endl; //二对象的"^"运算,将调用"operator^"函数
}
```

程序运行结果为：

```
s0=( 0, 0 )
s1=( 1.2, -3.5 )
s2=( -1.5, 6 )
s0=s1+s2=( -0.3, 2.5 )
s1^s2=9.87623
```

2. 用类成员方式实现重载

可以把上一程序中通过友员方式重载的运算符,改写为以类的公有成员函数方式进行重载。下面仅给出此种实现方式的类定义"构架",具体各成员函数的实现以及对它们的使用请大家作为一个练习来完成。

```
class point {
    double x,y;
public:
    point (double x0=0, double y0=0) {x=x0; y=y0;}
    point operator + (point pt2);
    double operator ^ (point pt2);
    void display();
};
```

8.4.4 运算符重载的实例

本节我们利用运算符重载为集合类型定义多个运算符,达到使集合的运算符合人们习惯的目的。实现时通过"借用"运算符(如 * 、+、-、&、>=、>等),来表示集合 set 类对象的交、并、差、元素属于、包含、真包含等运算。

下面的程序使用友元函数方式对各运算符进行重载。

【例 8.4】 集合的各个运算符

```
//8_4.cpp
#include <iostream.h>
const int maxcard=20;
class set {
    int elems [maxcard];
    int card;
public:
//除 set 与 print 仍说明为本类的公有成员函数外,其余 9 个运算符重载函数均被说明
//为本 set 类的友元函数,它们并非 set 类的成员函数,而是在类外说明的全局性函数
    set (void) {card=0;} //构造函数
    void print(); //成员函数,在类外说明
    friend bool operator & (int, set); // & : 判断某元素是否为某集合的成员
    friend bool operator == (set, set); // == : 判断两个集合是否相同
    friend bool operator != (set, set); // != : 判断两个集合是否不相同
    friend set operator + (set, int); // + : 将某元素加入到某集合中
    friend set operator + (set, set); // + : 求两个集合的并集合
    friend set operator - (set, int); // - : 将某元素从某集合中删去
    friend set operator * (set, set); // * : 求两个集合的交集合
    friend bool operator < (set, set); // < : 集合 1 是否真包含于集合 2 之中
    friend bool operator <= (set, set); // <= : 集合 1 是否包含于集合 2 之中
};
```

/ * 重载运算符 & :判断元素 elem 是否为集合 set 的成员。

注意　友元函数并非类成员函数,函数名前不加“set::”类限定符;由于不是类成员函数,也就不存在当前调用者对象,所以集合对象 s 必须作为参数列出来!判断形参 elem 是否等于形参对象 s 的 elems[0]->elems[card-1]中的某一元素,是则返 true,否则返 false。 */

```
bool operator & (int elem, set s)
{
  for(int i=0;i<s.card;i++)
  if (s.elems[i]==elem)
  return true;
  return false;
}
bool operator == (set s1, set s2)
{  //判断集合 s1 是否与集合 s2 相同
  if(s1.card! =s2.card)
    return false; //元素个数不同,则二集合不相同
  for(int i=0;i<s1.card;i++)
    if(! (s1.elems[i]&s2))
  return false; //发现有一个元素不相等时,则返 false。
return true; //全相等时,返 true
}
bool operator ! = (set s1, set s2)
{  //判断两个集合 s1 与 s2 是否不相同
  return ! (s1==s2); //借用'=='来处理'! ='
}
set operator + (set s, int elem)
{  //将元素 elem 加入到集合 s 中
  set res=s;
  if (s.card<maxcard) { //数组不超界时, 方可加入
  if(! (elem&s))    //若 elem 不为 s 集合的元素时,加入 elem(已有时,不再加)
  res.elems[res.card++]=elem;
  }
  return res;
}
set operator + (set s1, set s2)
{  //求两个集合 S1 与 S2 的并集合
  set res=s1;                     //先将 s1 拷贝到 res 集合
  for(int i=0;i<s2.card;i++)
  res=res+s2.elems[i];            //再将 S2 的诸元素加入到 res 集合
  return res;                     //返回 res 集合
}
set operator - (set s, int elem)
{  //将元素 elem 从集合 s 中删去
```

```
    set res=s;
    if(!(elem&s)) return res;          //若元素 elem 不在集合 s 中,则仍返回 s
    for(int i=0;i<s.card;i++)
      if (s.elems[i]==elem)
      //当从 s 集合的数组 elems 中找到形参 elem 后,将该数组元素的
      //所有"后继"元素统统"前移"一个位置,即不可出现"空洞"。
      for( ;i<s.card-1;i++)
        res.elems[i]=res.elems[i+1];
    --res.card;                        //删除一元素后,记录集合元素数的 card 变量值减 1
    return res;
}
//重载运算符 * :求两个集合 s1 与 s2 的交集合。
//实现方法为:用 s1 集合的诸 elems[i],与 s2 集合的诸 elems[j]一一作比较,将其中的
//相同者(共有元素)送入 res 对象的 elems 数组的从 0 下标开始的各单元中,最后返回 res。
set operator * (set s1, set s2)
{
    set res;
    for(int i=0;i<s1.card;i++)
    for(int j=0;j<s2.card;j++)
      if(s1.elems[i]==s2.elems[j]){
        res.elems[res.card++]=s1.elems[i];
        break;
      }
    return res;
}
//重载运算符 < :集合 s1 是否真包含于集合 s2 之中。
//当集合 s1 比 s2 的元素个数少,而且 s1 包含于 s2 之中时,返回 true。
bool operator < (set s1, set s2) {
    return ((s1.card<s2.card) &&(s1<=s2));
}
bool operator <= (set s1, set s2)
{   //集合 s1 是否包含于集合 s2 之中
    if(s1.card>s2.card)   return false; //当集合 s1 比 s2 的元素个数多时,返回 false
    for(int i=0;i<s1.card;i++)
      if(!(s1.elems[i]&s2))           //发现某一个 s1 的元素不属于 s2 时,返回 false
        return false;
    return true;                       //不出现上述二情况时,返回 true
}
void set::print ()
{   //成员函数 print,在类外说明时要加"set::"类限定符
    cout << "{";
    for(int i=0;i<card-1;i++)          //显示出当前调用者对象的 elems 数组中各元素
      cout <<elems[i]<< ",";
```

```
    cout <<elems[card-1];
    cout << "}"<<endl;
}
int main()
{
    set s,s1,s2,s3,s4;
    for (int i=0;i<10;i++){
        s=s+i; s1=s1+2*i; s2=s2+3*i;
    }
    cout<<"s="; s.print();
    cout<<"s1="; s1.print();
    cout<<"s2="; s2.print();
    for (i=0;i<5;i++){
        s=s-i; s1=s1-i; s2=s2-i;
    }
    cout<<"After RmvElem(0->4), s="; s.print();
    cout<<"After RmvElem(0->4), s1="; s1.print();
    cout<<"After RmvElem(0->4), s2="; s2.print();
    s3=s*s1; s4=s+s2;
    cout<<"s3=s*s1="; s3.print();
    cout<<"s4=s+s2="; s4.print();
    if(s3==s4) cout<<"SET s3=s4 "<<endl;
    else cout<<"SET s3!=s4 "<<endl;
    if(s3==s3) cout<<"SET s3=s3 "<<endl;
    else cout<<"SET s3!=s3 "<<endl;
    if(s4<=s3) cout<<"SET s3 contains s4 "<<endl;
    else cout<<"SET s3 do not contains s4 "<<endl;
    if(s2<=s4) cout<<"SET s4 contains s2 "<<endl;
    else cout<<"SET s4 do not contains s2 "<<endl;
    return 0;
}
```

程序运行结果为:

```
s={0,1,2,3,4,5,6,7,8,9}
s1={0,2,4,6,8,10,12,14,16,18}
s2={0,3,6,9,12,15,18,21,24,27}
After RmvElem(0->4), s={5,6,7,8,9}
After RmvElem(0->4), s1={6,8,10,12,14,16,18}
After RmvElem(0->4), s2={6,9,12,15,18,21,24,27}
s3=s*s1={6,8}
s4=s+s2={5,6,7,8,9,12,15,18,21,24,27}
SET s3!=s4
SET s3=s3
```

SET s3 do not contains s4

SET s4 contains s2

在 main()中对于 set 类型的对象作了初步的简明操作。在程序中,为运算符 & 定义一种新的意义:作为集合的“属于”运算的运算符。这里,elem & s 是一个关系表达式,左运算分量是 int 型变量或常量,右运算分量 s 是集合类型的对象,运算结果为 bool 类型,即指出真或假。当然,程序员也可以选择其他运算符,例如用%、@、^等来代替 &,一般应符合人们的习惯。可以看出,如果把“operator&”视为函数名,就正好与原来定义一般函数时它们的原型以及函数定义的方式相吻合。

小　结

面向对象程序设计中有两类多态性,第一类为函数重载和运算符重载,这种多态实质上是编译时的多态。另一类多态性是运行时的多态,体现在 C++语言程序中允许存在有若干函数,有完全相同的函数原型,却可以有相异的函数体;编译器不能自动确定要调用哪一个函数,只有在程序运行时根据实际情况来确定。运行时的多态要靠类的继承和虚函数来实现。

练习题

1. 什么是虚基类? 它有什么特点和作用?

2. 什么是多态性? 多态性在 C++语言中如何实现?

3. 什么是函数重载? 什么是静态联编?

4. 什么是函数重写? 什么是动态联编? 为什么会有动态联编?

5. 什么是虚函数? 它有什么特点? 使用方法是什么?

6. 什么是纯虚函数和抽象基类? 使用它们的目的是什么?

7. 虚函数给程序设计带来了什么好处?

8. 什么是运算符重载? 运算符重载给程序设计带来了什么好处?

9. 编写一个程序,包含一个代表字符串的类,并重载运算符“+”、“=”实现两个字符串的连接和复制。

10. 编写一个程序,使用重载运算符实现矩阵的加、减、乘等运算。

11. 类定义如下。

```
class A
{
public:
    virtual void func1( ) { }
    void fun2( ) { }
};
class B:public A
{
public:
    void func1( ) {cout<<"class B func1"<<endl;}
```

```
    virtual void func2( ) {cout<<"class B func2"<<endl;}
};
```

则下面正确的叙述是(　　)。

A. A::func2( )和B::func1( )都是虚函数

B. A::func2( )和B::func1( )都不是虚函数

C. B::func1( )是虚函数,而A::func2( )不是虚函数

D. B::func1( )不是虚函数,而A::func2( )是虚函数

12. 阅读下面程序,写出运行结果。

```
#include <iostream.h>
class Sample
{
    int sum;
public:
    Sample(int s=0){sum=s;}
    void display(){cout<<sum;}
    //用成员函数重载
    Sample operator ++();                          //前缀自增运算符
    Sample operator ++(int);                       //后缀自增运算符
    //用友员函数重载
    friend Sample operator --(Sample &);           //前缀自减运算符
    friend Sample operator --(Sample &,int);       //后缀自减运算符
};
Sample Sample::operator ++()
{
    ++sum;
    return *this;
}
Sample Sample::operator ++(int)
{
    sum++;
    return *this;
}
Sample operator --(Sample &t)
{
    --t.sum;
    return t;
}
Sample operator --(Sample &t,int)
{
    t.sum--;
    return t;
}
```

```
int main()
{
  Sample a;
  cout<<" a :";
  a.display();
  cout<<endl;
  ++a;                              //等价于 a.operator ++();
  cout<<"++a:";
  a.display();
  cout<<endl;
  a++;                              //等价于 a.operator ++(0);
  cout<<"a++:";
  a.display();
  cout<<endl;
  --a;                              //等价于 operator --(a);
  cout<<"--a:";
  a.display();
  cout<<endl;
  a--;                              //等价于 operator --(a,0);
  cout<<"a--:";
  a.display();
  cout<<endl;
  return 0;
}
```

13. 写出下列程序运行结果。

```
#include<iostream.h>
class A
{
public:
  virtual void func( ) {cout<<"func in class A"<<endl;}
};
class B
{
public:
  virtual void func( ) {cout<<"func in class B"<<endl;}
};
class C:public A,public B
{
public:
  void func( ) {cout<<"func in class C"<<endl;}
};
int main( )
{
```

```
    C c;
    A& pa=c;
    B& pb=c;
    C& pc=c;
    pa.func( );
    pb.func( );
    pc.func( );
}
```

14. 阅读下面程序,写出运行结果。

```
#include <iostream.h>
#include<string.h>
#include<stdlib.h>
class name
{
    char *p;
    int len;
public:
    name(char *t);
    char & operator [](int i);              //重载下标运算符
    void operator ()();                     //重载函数调用符
};
name::name(char *t)
{
    len=strlen(t)+1;
    p=new char(len);
    if(p! =NULL)strcpy(p,t);
}
char & name::operator [](int i)             //重载下标运算符函数
{
    if(i>=0&&i<len)return p[i];
    cout<<"The subscript "<<i<<" is outside!"<<endl;
    abort();                                //越界报错
}
void name::operator ()()                    //重载函数调用符函数
{
    int i;
    for(i=0;i<len;i++)
    cout<<(*this)[i];                       //使用已重载的下标运算符
    cout<<endl;
}
int main()
{
    name a("LiMing"),b("ChenBin");
```

```
    cout<<"a: ";a();                        //显示对象 a 内容
    cout<<"b: ";b();                        //显示对象 b 内容
    a[0]='Y';a[1]='u';                      //修改对象 a
    cout<<"new a:";a();                     //显示对象 a 修改后的内容
    return 0;
}
```

15. 阅读下面程序,写出运行结果。

```
#include <iostream.h>
const double pi=3.1415926;
class round      //定义一个代表圆的类
{
public:
    double radius;
    round()
    {
        radius=2.0;
    }
    virtual void display()
    {
        cout<<"The area of round is ";
        cout<<pi * radius * radius<<endl;
    }
};
class sphere:public round   //定义一个代表球体的类,它继承了 round 类
{
public:
    void display()   //重载 display 虚函数,用以计算球体体积
    {
        cout<<"The volume of sphere is ";
        cout<<4/3 * radius * radius * radius * pi<<endl;
    }
};
void call(round &p)   //形参为 round 类引用
{   p.display();   }
int main()
{
    round r;
    sphere s;
    call(r);
    call(s);
    return 0;
}
```

上机实习题

1. **实习目的**:练习使用虚函数,加深对多态性的理解。

2. **实习内容**:

(1)有一个交通工具 vehicle 类,将它作为基类派生小车 car 类、卡车 truck 类和轮船 boat 类,定义这些类并定义一个虚函数用来显示各类信息。

(2)定义一个 shape 抽象类,派生出 Rectangle 类和 Circle 类,计算各派生类对象的面积 Area( )。

(3)矩形法(rectangle)积分近似计算公式为

$$\int_a^b f(x)\,\mathrm{d}x \approx \Delta x(y_0+y_1+\cdots+y_{n-1})$$

梯形法(1adder)积分近似计算公式为

$$\int_a^b f(x)\,\mathrm{d}x \approx \frac{\Delta x}{2}[y_0+2(y_1+\cdots+y_n-1)+y_n]$$

辛普生法(simpson)积分近似计算公式(n 为偶数)为:

$$\int_a^b f(x)\,\mathrm{d}x \approx \frac{\Delta x}{3}[y_0+y_n+4(y_1+y_3\cdots y_{n-1})+2(y_2+y_4+\cdots y_{n-2})]$$

被积函数用派生类引入,定义为纯虚函数。基类(integer)成员数据包括积分上下限 b 和 a,分区数 n,步长 step=$(b-a)/n$,积分值 result。定义积分函数 integerate( )为虚函数,它只显示提示信息。派生的矩形法类(rectangle)重定义 integerate( ),采用矩形法做积分运算。派生的梯形法类(ladder)和辛普生法(simpson)类似。试编程,用 3 种方法对下列被积函数进行定积分计算,并比较积分精度。

(1)sin(x),下限为 0.0,上限为 π/2。

(2)exp(x),下限为 0.0,上限为 1.0。

(3)4.0/(1+x * x),下限为 0.0,上限为 1.0。

第 9 章 流类库与输入输出

学习目标：掌握 I/O 流的概念及 I/O 流的使用；掌握标准输入输出流的功能；掌握 C++中文件的操作方法。

前面关于数据输入输出的程序都使用了 cin 和 cout，它们不是 C++中的语句，而是流类库中预先定义好的对象，所以之前的程序中都要包括 iostream. h。数据的输入输出是程序处理外部数据的重要机制，是语言的重要组成部分，要准确掌握。

9.1 I/O 流的概念

C++虽然从 C 语言延续了一套以函数库形式工作的 I/O 机制，但它又开发了一套具有安全、简洁、可扩展的流类库形式，工作的高效 I/O 系统。我们先对于 C++的 I/O 流系统做出阐述，然后介绍 I/O 流系统的工作原理和流类库的有关概念。

9.1.1 C++的 I/O 对 C 的改进

用 C++语言的流类库代替 C 语言的 I/O 函数库是一个明显的进步。虽然不少 C 程序员认为 C 系统提供的 I/O 函数库是有效和方便的，但与 C++的流类库相比，就显示出明显的缺点。

1. 简明与可读性

首先，从语法上看，C++的流类库使得 I/O 语句更为简洁。用 I/O 运算符（提取运算符">>"和插入运算符"<<"）代替不同的输入输出函数名（如 printf，scanf 等）是一个大的改进。例如，从下面的两个输出语句可以反映出二者之间的差别：

```
printf("i=%d,f=%f\n", i, f);
cout<<"i="<<i<<",f="<<f<<endl;
```

2. 类型安全

这里所说的类型安全，是指在进行 I/O 操作时不应对于参加输入输出的数据在类型上发生不应有的变化。下面的例子，是一个显示颜色值 color 和尺寸 size 的一个简单函数：

```
show(int color, float size)
{   cout<<"color="<<color<<",size="<<size<<endl; }
```

在这个函数的调用过程中，系统（编译器）将自动按参数的类型定义检查实参的表达式，显示的结果中，第一个是整数值，第二个 size 是浮点类型值。如果采用 printf()函数，由于其参数中的数据类型必须由程序员以参数格式%d、%f、%c、%s 的形式给出，同样实现上述函数 show( )，就可能产生编译器无法解决的问题：

```
show( int color, float size)
{   printf("color=%f, size=%d\n", color, size); }
```

程序员在确认输出数据类型时发生错误是可能的，这时输出数据的类型：color 是 int 型，size 是 float 型，与 printf( )中给出的参数格式符%f 对应 color，%d 对应 size，两者发生了矛盾。因此说，它是不安全的类型，而 C++的 I/O 系统不会出现这种情形。

3. 易于扩充

在 C++语言流类的定义中，把原来 C++语言中的左、右移位运算符“<<”和“>>”，通过运算符重载的方法，定义为插入(输出)和提取(输入)运算符。这就为各种用户定义的类型数据的输入输出功能进行扩充，创造了方便的条件。而在 stdio.h 文件中说明的 printf( )函数却很难做到这一点。例如：在 C++语言中，它是把运算符“<<”的重载函数作为输出流 ostream 类的成员函数来定义的，分别对字符串 char、short、int、long、float、double、const void *(指针)等类型作了说明。在此基础上，用户不难对于新的类型数据的输出来重载运算符“<<”。它可以作为用户定义的类型(例如 complex 类)的友元函数来定义：

```
friend ostream & operator<<(ostream & s, complex c)
{   s<<'('<<c.re<<','<<c.im<<')'; return s;   }
```

9.1.2　C++的流类库

严格地说，C++的 I/O 系统并不是 C++语言的一部分，它是系统为用户提供的专用于 I/O 的标准类(及函数、对象)等。作为基本类的主要几个类在头文件 iostream.h 中被说明，下面对其中几个主要类的内容作简要介绍。

· ios 类，在其中以枚举定义方式给出一系列与 I/O 有关的状态标志、工作方式等常量，定义了一系列涉及输入输出格式的成员函数(包括设置域宽、数据精度等)，它的一个数据成员是流的缓冲区指针。同时，ios 类作为虚基类派生了输入流 istream 类和输出流 ostream 类。

· streambuf 类负责管理流的缓冲区，包括负责设置缓冲区和在缓冲区与输入流和输出流之间存取字符操作的成员函数。

· istream 类和 ostream 类除继承了 ios 类的成员之外，主要为 C++的系统数据类型分别对于运算符“>>”和“<<”进行重载。

· iostream 类以 istream 和 ostream 为基类，它同时继承二者，以便创建可以同时进行 I/O 操作，即进行输入和输出双向操作的流。

· istream_withassign 类是 istream 的派生类，主要增加了输入流(对象)之间的赋值(“=”)运算。

· ostream_withassign 类是 ostream 的派生类，主要增加了输出流(对象)之间的赋值(“=”)运算。

· iostream_withassign 类是 iostream 的派生类。

这 8 个类的继承关系如图 9.1 所示，其中 streambuf 类与 ios 类之间没有继承关系，当 I/O 操作需要使用 I/O 缓冲区时，可以创建缓冲区对象，通过流的缓冲区指针来完成有关缓冲区的操作。

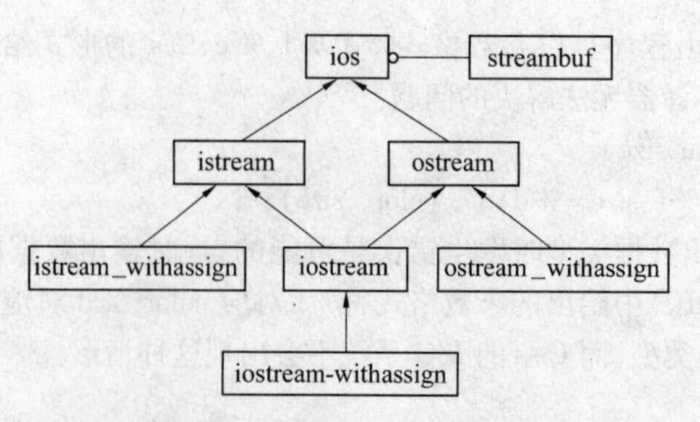

图 9.1 流类库的基本结构

大多数 I/O 操作的函数包括在 ios 类、istream 类、ostream 类和 iostream 类中。名字带有“withassign”的 3 个类,实际上是补充了流对象的赋值操作(某些编译系统,如 VC++6,没提供 iostream _ withassign 类)。由此可以看到,具有层次关系的类说明的灵活性。在 9.3 节中,我们还可以看到,在这个基本 I/O 类库结构基础上,如何通过派生类的说明,进一步把文件(指磁盘文件)I/O 功能加进来。

在头文件 iostream. h 中,除了类的定义之外,还包括 4 个对象的说明,它们被称为标准流,或预定义流。

· cin 是类 istream 的对象,为标准输入流,在不作其他说明条件下,与标准输入设备(一般指键盘)相关联。

· cout 是类 ostream 的对象,为标准输出流,在不作其他说明条件下,与标准输出设备(显示器)相关联。

· cerr,clog 也是类 ostream 的对象,与标准(错误)输出设备(显示器)相关联,前者为非缓冲方式,后者为缓冲方式。令 cerr 为非缓冲的流,可以保证出现错误后立即把出错信息在显示器上输出。

正是因为 cin 和 cout 是预定义的流,所以在前面的章节中,可以未经说明直接使用它们。其条件是包含头文件 iostream. h。

9.2 标准输入输出流

9.2.1 “<<”和“>>”的重载

在上一节“流类库的优点”处,简单提到过对插入与提取运算符进行重载,本节将对它们进行较为细致的讨论。

1. 系统预先进行的有关重载

对于 ostream 类以及 istream 类来说,针对某些最常用的基本数据类型(如对 int、char、float、double、char * 等),C++预先对“插入”算符“<<”(也称输出算符)以及“提取”算符“>>”(也称输入算符)进行了运算符重载定义,从而使得对上述基本数据类型的某表达式 x,使用“cout<< x;”的运算符调用方式(注意,cout 为预定义的 ostream 类对象),完全等同于“cout. operator<< (x);”的函数调用方式。它们的功能都为调用 cout 对象(属于 ostream 类)的“operator<<”函数,带实参 x,用于实现将实参 x 的值,通过“operator<<”函数,输出到 cout(屏幕)上。由于算

符重载函数“operator <<”返回的是引用“ostream&”，可达到作为左值的目的，起到一个 ostream 类型的独立对象（变量）的作用，从而可知如下两种使用方式的合法性与等同性：

```
(cout.operator<<(x)).operator<<(y);     //函数调用方式
cout<<x<<y;                             //运算符调用方式
```

同理对“cin>>x;”的运算符调用方式（注意，cin 为预定义的 istream 类对象）完全等同于“cin.operator>>(x);”的函数调用方式。

2. 对自定义类重载插入与提取运算符

对自定义类重载插入与提取运算符“<<”与“>>”时，是以友元方式来重载，而且大都使用类似于如下的重载格式：

```
friend istream& operator>>(istream& in, complex& com);
friend ostream& operator<<(ostream& out, complex com);
```

其中的“operator>>”用于完成从 istream 类的流类对象 in 上（如对应实参可为 cin，即指定从键盘上）输入一个复数的有关数据放入 complex 类型引用对象 com 中；而“operator<<”则用于实现往 ostream 类的流类对象 out 上（如对应实参可为 cout，即指定往屏幕上）输出 complex 类对象 com 的有关数据。

另外注意：上面重载的输入输出运算符的返回类型均为引用，为的是可使用返回结果继续作左值，也即使返回结果能起到一个独立对象（变量）的作用，从而可使用像“cout<<c1<<c2;”以及“cin>>c1>>c2;”这样的调用语句。还有，“operator >>”的第二形参 com，也必须被说明成引用“complex& com”，目的则是要将输入数据直接赋值给对应实参变量（所拥有的存储空间中）。

下面看一个具体例子。

自定义一个简单的复数 complex 类，其中除去重载完成复数加法与乘法的运算符“+”与“*”之外，还要重载用于完成复数输入输出的运算符“<<”与“>>”，以实现直接对该自定义类的对象进行输入与输出的操作。在主函数中，生成 complex 类对象，并对各重载运算符进行使用，以验证它们的正确性。

【例 9.1】　复数 complex 类的运算符重载。

```
//9_1.cpp
#include <fstream.h>
class complex
{  //自定义的简单复数 complex 类
   double r;                          //复数实部
   double i;                          //复数虚部
public:
complex(double r0=0, double i0=0)
{  //构造函数，并设置参数默认值
   r=r0; i=i0;
}
complex operator +(complex c2)
{  //重载运算符“+”，实现二复数相加
   complex c; c.r=r+c2.r;
```

```
    c.i=i+c2.i; return c;
  }
  complex operator * ( complex c2)
  {  //重载运算符" * ",实现二复数相乘
    complex temp; temp.r=( r * c2.r)-( i * c2.i);
    temp.i=( r * c2.i)+( i * c2.r); return temp;
  }
  friend istream& operator >> ( istream& in, complex& com)
  {
    //以友元方式重载输入运算符">>",输入复数
    in>>com.r>>com.i;
    return in;                    //该 return 语句不可缺少(因为函数返回类型为"istream&")
  }
  friend ostream& operator << ( ostream& out, complex com)
  {  //以友元方式重载输出运算符"<<",输出复数
    out<<"("<<com.r<<", "<<com.i<<")"<<endl;
    return out;                   //该 return 语句不可缺少(因为函数返回类型为"ostream&")
  }
};
int main()
{  //主函数,说明 complex 类对象,并对重载的运算符进行使用
    complex c1(1,1), c2(2,3), c3, res;
    cout<<"c1="<<c1<<"c2="<<c2; //要调用"operator <<"运算符重载函数
    res = c1+c2;
    cout<<"c1+c2="<<res;
    cout<<"c1 * c2="<<c1 * c2;
    cout<<"Input c3:";
    cin>>c3;                      //要调用"operator >>"运算符重载函数
    cout<<"c3+c3="<<c3+c3;
    return 0 ;
}
```

程序执行后,屏幕显示结果为:

```
c1=(1, 1)
c2=(2, 3)
c1+c2=(3, 4)
c1 * c2=(-1, 5)
Input c3:3 -5
c3+c3=(6, -10)
```

9.2.2 输入输出类的成员函数

1.数据输入成员函数

除了可以用 cin 输入标准类型的数据外,还可以用 istream 类流对象的一些成员函数,实现

字符的输入。

（1）用 get 函数读入一个字符

流成员函数 get 有 3 种形式：

①不带参数的 get 函数。其调用形式为：

cin. get( )

用来从指定的输入流中提取一个字符，函数的返回值就是读入的字符。若遇到输入流中的文件结束符，则函数值返回文件结束标志 EOF。

②有一个参数的 get 函数。其调用形式为：

cin. get(ch)

其作用是从输入流中读取一个字符，赋给字符变量 ch。如果读取成功则函数返回非零值(真)，如失败(遇文件结束符)则函数返回零(假)。

③有多个参数的 get 函数。其调用形式为：

cin. get(字符数组，字符个数 n，终止字符)

或

cin. get(字符指针，字符个数 n，终止字符)

其作用是从输入流中读取 n-1 个字符，赋给指定的字符数组(或字符指针指向的数组)，如果在读取 n-1 个字符之前遇到指定的终止字符，则提前结束读取。如果读取成功则函数返回非零值(真)，如失败(遇文件结束符)则函数返回零(假)。终止字符可省略，但省略默认为'\n'。

（2）用成员函数 getline 函数读入一行字符

getline 函数的作用是从输入流中读取一行字符，其用法与带个参数的 get 函数类似。即 cin. getline(字符数组，字符个数 n，终止标志字符)

2. 格式控制成员函数

在 ios 类的说明中，定义了公有的格式控制标志位以及一些用于格式控制的公有成员函数，通常先用某些成员函数来设置标志位，然后再使用另一些成员函数来进行格式输出。另外，ios 类中还设置了一个 long 类型的数据成员用来记录当前设置的格式状态，该数据成员称为格式控制标志字(或标志状态字)。标志字是由格式控制标志位来"合成"的。

注意　ios 类作为诸多 I/O 流类的基类，其公有成员函数当然可被各派生类的对象所直接调用。

ios 类中用于格式控制的公有成员函数有：

```
long flags( );            //返回当前标志字
long flags(long);         //设置标志字并返回
long setf(long);          //设置指定的标志位
long unsetf(long);        //清除指定的标志位
long setf(long,long);     //设置指定的标志位的值
int width( );             //返回当前显示数据的域宽
int width(int);           //设置当前显示数据域宽并返回原域宽
char fill( );             //返回当前填充字符
char fill(char);          //设置填充字符并返回原填充字符
```

```
int precision( );          //返回当前浮点数精度
int precision( int);       //设置浮点数精度并返回原精度
```

下面绍 ios 类中用于格式控制的 6 个公有成员函数的功能及其使用。

(1)ios::flags

①格式一: long flags(long lFlags)

通过参数 lFlags 来重新设置(更新)标志字,并返回更新前的标志字。参数 lFlags 是由 ios 类中预定义的用来表示各格式控制标志位的上述枚举常量值来"合成"的。每一枚举常量值都代表着格式控制标志字中的某一个二进制位,当设置了某个标志位属性时,该位将取值"1",否则该位取值"0"。另外注意,通过使用位运算符"|"可将多个格式控制标志位属性进行"合成"。但从使用角度看,所设置的标志位属性不能产生互斥。例如,格式控制标志字中设立了 3 个平行的标志位(ios::dec、ios::oct 和 ios::hex)用于表示数制,程序员应保障任何时刻只设置其中的某一个标志位。还有表示对齐标志位的 os::left、ios::right 和 ios::internal,以及表示实数格式标志位的 ios::scientific 和 ios::fixed,这些互斥属性也不能同时设置。

②格式二: long flags( )

无参的 flags 函数用来返回当前的标志字的值。

(2)ios::setf

①格式一: long setf(long lFlags)

通过参数 lFlags 来设置指定的格式控制标志位。

参数 lFlags 的可取值及使用含义与上述 flags 函数中的 lFlags 参数相同。

②格式二: long setf(long lFlags, long lMask)

设置指定的格式控制标志位的值。首先将第二参数 lMask 所指定的那些位清零,然后用第一参数 lFlags 所给定的值来重置这些标志位,函数的返回值为设置前的标志字。

参数 lFlags 的可取值及使用含义与上述 flags 函数中的 lFlags 参数相同。为了保障所设置的数制标志位(ios::dec、ios::oct 和 ios::hex)不产生互斥,通常要使用具有两个参数的如下形式的 setf 函数,如要设置 16 进制时使用:

setf(ios::hex, ios::basefield);

其中的 ios::basefield 为一个在 ios 类中定义的公有静态常量,它的取值为 ios::dec|ios::oct|ios::hex。

同理,为了保障所设置的对齐标志位(ios::left 、ios::right 和 ios::internal)以及实数格式标志位(ios::scientific 和 ios::fixed)不相冲突,也要使用这种具有两个参数的 setf 函数,而且要用到在 ios 类中定义的另外两个公有静态常量 ios::adjustfield 和 ios::floatfield。ios::adjustfield 的取值为 ios::left|ios::right|ios::internal,而 ios::floatfield 的取值为 ios::scientific|ios::fixed。

例如,要设置对齐标志位为 ios::right 以及实数格式标志位为 ios::fixed,可使用:

```
setf( ios::right, ios::adjustfield);
setf( ios::fixed, ios::floatfield);
```

(3)ios::unsetf

long unsetf(long lFlags);

通过参数 lFlags 来清除指定的格式控制标志位(使那些位的值为"0")。参数 lFlags 的可取值及使用含义与上述 flags 函数中的 lFlags 参数相同。

(4) ios::fill

char fill(char cFill);

将“填充字符”设置为 cFill，并返回原“填充字符”。注意，缺省的填充字符为空格。另外，调用无参的“fill()”将返回当前的“填充字符”。

(5) ios::precision

int precision(int np);

设置浮点数精度为 np 并返回原精度。当格式为 ios::scientific 或 ios::fixed 时，精度 np 指小数点后的位数，否则指有效数字。另外，调用无参的“precision()”将返回当前浮点数精度。

(6) ios::width

int width(int nw);

设置当前被显示数据的域宽 nw 并返回原域宽。默认值为 0，将按实际需要的域宽进行输出。此设置只对随后的一个数据有效，而后系统立刻恢复域宽为系统默认值 0。另外，调用无参的“width()”将返回当前显示数据的域宽。

【例 9.2】　格式控制成员函数的应用。

```
//9_2.cpp
#include<iostream.h>
int main()
{
cout.setf(ios::scientific);           //科学表示法
cout.setf(ios::showpos);              //显示正号
cout<<4785<<27.4272<<endl;
cout.unsetf(ios::showpos);            //不用显示正号
cout.precision(2);                    //小数点后取 2 位
cout.width(5);                        //打印宽度为 5
cout<<4785<<","<<27.4272<<endl;
cout.fill('#');                       //用"#"填充空格
cout.width(8);                        //宽度为 8
cout<<4785<<endl;
return 0;
}
```

程序运行结果为：

```
+4785+2.742720e+001
4785,2.74e+001
####4785
```

9.3　文件流

这一节介绍磁盘（或光盘、磁带）文件的 I/O 操作。从逻辑概念上说，磁盘文件与前面讨论的标准设备（键盘、显示器）文件没有本质的区别，标准流 cin、cout 等与文件流大致相当。

不过,从具体细节上,还是有些区别。因此,C++的 I/O 系统在基本类 ios、istream、ostream 等的定义基础上,又为磁盘文件的 I/O 派生出一个专用的 I/O 流类系统,从而形成了支持文件 I/O 操作的、类似于基本流类族(以 ios 为中心)的一个流类族,其说明全部包含在头文件 fstream. h 中,如图 9.2 所示。

这个流类族实际上是基本流类族的扩充,它是在原来已提供的 I/O 操作的基础上再补充进与用户说明的流类对象(磁盘文件流)有关的一些特别的功能,其类的说明都是作为基本流类的派生类出现的,在进行文件 I/O 操作时,包含了头文件 fstream. h,同时也就包含了头文件 iostream. h 中的内容。

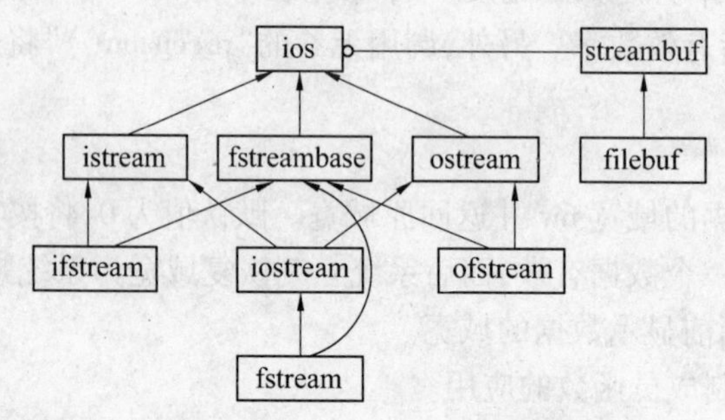

图 9.2　文件 I/O 的流类系统

上述专用于磁盘文件 I/O 的流类(类型)所支持的功能如下:

ifstream:支持从本流类(对象)所对应的磁盘文件中输入(读入)数据;

ofstream:支持往本流类(对象)所对应的磁盘文件中输出(写出)数据;

fstream:支持对本流类(对象)所对应的磁盘文件进行输入和输出数据的双向操作。

注意　C++中没有预定义的文件流类对象,即程序中用到的所有文件流类对象都要进行自定义(规定对象名及打开方式,并将该流类对象与一个具体的磁盘文件联系起来等)。

9.3.1　文件的打开与关闭

为了对一个磁盘文件进行 I/O 即读写操作,必须首先打开文件,I/O 操作完成后再关闭。流的创建通常是由对应流类的构造函数完成的,其中包括把创建的流与要进行读写操作的文件名联系起来,并打开这个文件,也可通过成员函数 open 来完成文件的打开工作。例如:ofstream outfile1("myfile1. txt");将创建 ofstream 类的对象 outfile1;使流类对象 outfile1 与磁盘文件"myfile1. txt"相联系;并打开用于"写"的磁盘文件"myfile1. txt"。也可按照如下方式来打开文件:

```
ofstream outfile1;                    //创建 ofstream 类的对象 outfile1
outfile1. open("myfile1. txt");       //通过成员函数 open 来打开文件
```

文件流可分别对于 ifstream 类、ofstream 类和 fstream 类说明其对象的方式创建。3 个类的构造函数为:

```
ifstream::ifstream(char * name, int mode=ios::in,int file _ attrb=filebuf::openprot);
ofstream::ofstream(char * name, int mode=ios::out,int file _ attrb=filebuf::openprot);
fstream::fstream(char * name, int mode,int file _ attrb=filebuf::openprot);
```

第一个参数为文件名字符串(包括路径)。第二个参数为对文件进行的 I/O 模式(访问模

式),其值已在 ios 中进行了定义,使用含义如下:

ios::in //用于读入

ios::out //用于写出

ios::ate //打开并指向文件尾

ios::app //用于附加数据打开并指向文件尾

ios::trunc //如文件存在则清除其内容

ios::nocreate //如文件不存在,则操作失败

ios::noreplace //如文件存在,则操作失败

ios::binary //二进制文件(缺省时为文本文件)

参数 mode 可缺省,当文件流为输入文件流时,其缺省值为 in;为输出文件流时,缺省值为 out。如果需要,可用上述枚举常量的一个组合来表示所需的访问模式(通过位运算符"|"来进行组合)。如:

ios::in|ios::out　以读和写(可读可写)方式打开文件;

ios::out|ios::binary　以二进制写方式打开文件;

ios::in|ios::binary　以二进制读方式打开文件。

第三个参数指定所打开文件的保护方式。该参数与具体的操作系统有关,一般只用它的缺省值"filebuf::openprot"。

【例 9.3】　向 hello. txt 文件中写入"Hello World"字符串。

```
//9_3. cpp
# include<fstream. h>
int main( )
{
    ofstream output("hello. txt");      //缺省打开模式 mode 时,隐含为文本文件
    output<<"Hello world!"<<endl;
    return 0;
}
```

执行完该程序后,可在当前目录下,看到新创建的文件"hello. txt",并可通编辑文本文件的软件查看到该文件中的内容:"Hello world!"字符串。对于文件的 I/O 操作可分为按文本(text)方式和按二进制(binary)方式两种。文本文件是基于字符编码的文件,常见的为 ASCII 码。二进制文件是基于值编码的文件。

对输入和读写的文件的使用、要创建 ifstream 类和 fstreahr 类的对象。

C++的 I/O 系统提供 open 函数和 close 函数来完成文件的打开与关闭操作。

【例 9.4】　open( )函数和 close( )函数的使用方法。

```
//9_4. cpp
# include<fstream. h>
intmain( )
{
    ofstream output;
    output. open ("hello. txt");
    output<<"Hello world!"<<endl;
```

```
    output.close ();
    return 0;
}
```

注意 open 函数的参数与上面构造函数的说明一致。

9.3.2 使用插入与提取算符对磁盘文件进行读写

对文件的“读写操作”通常使用预定义的类成员函数来实现,但也可使用插入和提取运算符“>>”和“<<”来进行,因为 ifstream 类由 istream 类所派生,而 istream 类中预定义了公有的运算符重载函数“operator>>”,所以,ifstream 流(类对象)可以使用预定义的算符“>>”来对磁盘文件进行“读”操作(允许通过派生类对象直接调用其基类的公有成员函数);ofstream 类和 fstream 类也是同样道理。

还有一点需要注意:使用预定义的算符“<<”来进行“写”操作时,为了今后能正确读出,数据间要人为地添加分隔符(比如空格),这与用算符“>>”来进行“读”操作时遇空格或换行均结束一个数据相一致。实际上,插入“<<”和抽取“>>”运算符,以及标准流 cin、cout 等都是按文本方式来组织与定义的。

9.3.3 使用类成员函数对文件流(类对象)进行操作

本节介绍以下几个常用的对文件流(类对象)进行操作的类成员函数:get、put、read、write、getline。

1. 类成员函数 get、put、getline

使用类成员函数 get 与 put 可以对磁盘文件进行读与写操作。ostream::put 与 istream::get 的最常用格式为:

ostream& put(char ch);

功能:将字符 ch 写到文件中。

istream& get(char& rch);

功能:从文件中读出 1 个字符放入引用 rch 中。

注意 put 实际上只是 ostream 类中定义的公有成员函数,通常是通过其派生类 ofstream 的类对象来对它进行调用。同理,通过 ifstream 的类对象来直接调用 get。

使用类成员函数 getline 可以对文件进行“读”操作。istream::getline 的最常用格式为:

istream& getline(char * pch, int nCount, char delim = '\n');

功能:从某个文件中读出一行(至多 nCount 个字符)放入 pch 缓冲区中,缺省行结束符为“\n”(delim 可用于显式指定别的行结束符)。

注意 getline 函数所操作的文件通常为 text 文本文件。

下面看两个简单程序:例 9.5 从键盘输入任一个字符串,通过 put 将其写到磁盘文件“ft.txt”中,并统计且显示输出字符的个数;而例 9.6 通过使用 get 从“ft.txt”文件中读出所写字符串,并统计所读字符的个数,显示在屏幕上。

【例 9.5】 文本文件写。

```
//9_5.cpp
#include<fstream.h>
```

```
#include<stdio. h>
int main( )
{
  char str[80];
  cout<<"Input string:"<<endl;
  gets(str);                     //从键盘输入字符串(以"换行"结束输入)
  ofstream fout("ft. txt");
  int i=0;
  while(str[i])
    fout. put(str[i++]);         //通过 put 将 str 中各字符写到文件中
  cout<<"len="<<i<<endl;         //显示输出符号的个数
  fout. close( );
  return 0;
}
```

程序运行结果为:

Input string:

12345 abcdef! ok!!

len=18

这个程序把字符串(包括空格和标点全部)送到了文件 ft. txt 中,并不必考虑其文本格式。

【例 9.6】　文本文件读。

```
//9_6. cpp
#include<fstream. h>
intmain( )
{ //使用 get 从文件中读出符号串并显示在屏幕上
  ifstream fin("ft. txt");
  char ch;
  int i=0;
  fin. get(ch);              //先读一个符号 ch,若文件为空(结束)时,fin. eof( )将取真值
  while(! fin. eof( ))
  { //当读入的符号 ch 为有效符号(非文件结束)时继续
    cout<<ch;                //将读出的 ch 显示在屏幕上(对所读符号的"处理")
    i++;                     //统计字符个数
    fin. get(ch);            //读下一个符号 ch
  }
  cout<<endl<<"len="<<i<<endl;
  fin. close( );
  return 0;
}
```

程序运行结果为:

12345 abcdef! ok!!

len=18

从例中可以看出,使用 get 与 put 函数对文件进行读、写十分简单,以每次一字节的顺序进

行,文件中的各种特殊字符如空格等,按普通字符处理。

2. 类成员函数 read 与 write

使用类成员函数 read 与 write 可以对文件进行读写操作。通常使用 read 与 write 对二进制文件(binary file)进行读写。一般在处理大批量数据当需要提高 I/O 操作速度、简化I/O编程时,以二进制方式进行读写可显示出它的优越性。所谓二进制方式,就是简单地把文件视为一个 0、1 串,以位(bit)为单位,不考虑文本格式,输入输出过程中,系统不对相应数据进行任何转换。

程序中用到的 read 与 write 类成员函数的常用格式及功能如下:

ostream::write

ostream& write(const char * pch, int nCount);

功能:将 pch 缓冲区中的前 nCount 个字符写出到某个文件(ostream 流对象)中。

istream::read

istream& read(char * pch, int nCount);

功能:从某个文件(istream 流对象)中读入 nCount 个字符放入 pch 缓冲区中(若读至文件结束尚不够 nCount 个字符时,也将立即结束本次读取过程)。

使用 read(),write()函数代替 get()和 put(),可以一次完成读写操作,例如在前面的例 9.6 中我们使用 write()代替 put()时,其中的语句:

int i=0;

while(str[i]) fout.put(str[i++]); //通过 put 将 str 中各字符写到文件中

可用下面的语句取代:

fout.write(str, sizeof(str));

以下的示例程序先使用 write 向二进制磁盘文件中写出如下 3 个值:字符串 str 的长度值 Len(一个正整数)、字符串 str 本身,以及一个结构体的数据,而后再使用 read 读出这些值并将它们显示在屏幕上。

【例 9.7】 二进制文件读写。

```
//9_7.cpp
#include<fstream.h>
#include<string.h>
int main()
{
  char str[20]="Hello world!";                       //准备写出的字符串 str
  struct stu{
    char name[20];
    int age;
    double score;
  } ss={"wu jun", 22, 91.5};                         //说明 ss 结构体变量,并赋了初值
  cout<<"WRITE to 'fb.bin'"<<endl;
  ofstream fout("fb.bin", ios::binary);              //打开用于"写"的二进制磁盘文件
  int Len=strlen(str);                               //求出字符串 str 的长度值 Len
  fout.write( (char *)(&Len), sizeof(int) ); //使用 write 函数将字符串长度值 Len 写出
```

```
    fout.write(str, Len);                          //使用 write 一次将 str 内容全部写出
    fout.write((char *)(&ss), sizeof(ss));          //使用 write 将 ss 结构体的内容全部写出
    fout.close();                                  //关闭文件
  cout<<"----------------------------"<<endl;

    //而后再使用 read 读出这些"值"并将它们显示在屏幕上
    cout<<"-- READ it from 'fb.bin' --"<<endl;
    char str2[80];
    ifstream fin("fb.bin", ios::binary);            //以读方式打开二进制文件"fb.bin"
    fin.read( (char *)(&Len), sizeof(int) );        //使用 read 将字符串长度值 Len 读入
    fin.read(str2, Len);                            //读入字符串本身放入 str2
    str2[Len]='\0';                                 //增加结束符
    fin.read( (char *)(&ss), sizeof(ss) );          //读入数据放入 ss 结构体之中
    cout<<"Len="<<Len<<endl;
    cout<<"str2="<<str2<<endl;
    cout<<"ss=>"<<ss.name<<","<<ss.age<<","<<ss.score<<endl;
    fin.close();                                    //关闭文件
    cout<<"--------------------------"<<endl;
    return 0;
}
```

程序运行结果为:

```
WRITE to 'fb.bin'
--------------------------------
-- READ it from 'fb.bin' --
Len=12
str2=Hello world!
ss=>wu jun,22,91.5
--------------------------------
```

注意 与 text 文本文件不同,通过 write 写出到 binary 二进制文件中的各数据间并不需要再写出一个分割符,这是因为 write 与 read 函数的第二参数指定了读写长度。

9.3.4 文件读写位置指针

"位置指针"用于保存在文件中进行读或写的位置。通过对位置指针的操作,适当地调整读或写的位置,可以实现对磁盘文件的随机访问。

与 ofstream 对应的是写位置指针,指定下一次写数据的位置。相关的操作函数为 seekp 函数(用于移动指针到指定位置)和 tellp 函数(用于返回指针当前的位置)。

与 ifstream 对应的是读位置指针,指定下一次读数据的位置。相关的操作函数为 seekg 函数(用于移动指针到指定位置)和 tellg 函数(用于返回指针当前的位置)。

seekg 函数的使用形式(seekp 类似):

seekg(n):用于移动指针到文件第 n 个字节后。

seekg(n,ios::beg):从文件起始位置向后移动 n 个字节。

seekg(n,ios::end):从文件结尾位置向前移动 n 个字节。

seekg(n,ios::cur): 从当前位置向前或向后移动 n 个字节。

其中:n=0,在指定位置;n>0,在指定位置向后移动;n<0,在指定位置向前移动。

tellg 函数的使用形式(tellp 类似):

streampos n=流对象.tellg()

streampos 可看作整型数据,返回值保存指针当前的位置。

【例 9.8】 打开文件"E:\myfile.txt"进行读写,首先读出文件内容,显示出来,再将内容写入原文件结尾,并将写入后的文件内容显示出来。

```
//9_8.cpp
# include <fstream.h>
# include <iostream.h>
int main()
{
   fstream  iofile("E:\myfile.txt", ios::in | ios::app );
   iofile.seekg( 0, ios::end );                 //定位至文件尾
   streampos  lof= iofile.tellg();              //获取文件长度
   char *data;
   data = new char[lof];                        //动态分配内存用于保存文件内容
   iofile.seekg( 0, ios::beg );                 //定位至文件头
   iofile.read( data, lof );                    //将文件内容读到 data 指向的内存中
   cout << "原文件内容为:" << endl;
   for( int i =0; i<lof; i++ )
      cout << data[i];                          //逐个输出 data 指向内存中的字符
   cout << endl;
   iofile.write( data, lof );                   //打开方式为 ios::app,能将读出内容写入文件尾
   delete [] data;
   iofile.seekg( 0, ios::end );
   lof = iofile.tellg();
   data = new char[lof];
   iofile.seekg( 0, ios::beg );
   iofile.read( data, lof );
      cout << "读写操作后文件内容为:" << endl;
   for(i =0; i<lof; i++ )
      cout << data[i];
   cout << endl;
   iofile.close();
   delete [] data;
   return 0;
}
```

小 结

本章介绍了 C++的 I/O(输入输出)问题,包括 I/O 流的概念,C++中的流类库的构成,如

何通过“<<”和“>>”的重载和输入输类的成员函数实现标准输入输出功能,如何通过输入输出类的成员函数实现数据输入和格式控制,最后介绍了如何通过文件流实现文件的 I/O 操作。

练习题

1. C++语言的流类库和 C 语言的 I/O 输出语句相比有什么优点?

2. 流类库是通过什么机制使得 I/O 变得简单明了?

3. 流类库是怎样实现易于扩充性的?

4. 详述文件的概念,文件的种类有几种? 程序中的文件概念和普通文件的概念有什么不同?

5. 什么是流? 流的概念和文件的概念有什么异同?

6. C++中为流定义了哪些类? 它们之间的继承关系是什么?

7. C++为用户预定义了哪几个标准流? 分别代表什么含义?

8. 简述 C++的 I/O 格式控制。

9. 试述文件 I/O 流类的类结构。

10. 简述文件的打开和关闭的过程和步骤。

11. 文件的读写方式有哪几种? 分别完成什么功能?

12. 输出下述的数据:

4343 * * fdjf,0x11,3534.34343,2.34334E+03

13. 先建立一个文本文件,然后利用本章所述的 C++的流类库对这个文件进行读写操作。

14. 定义一个 3 * 3 的矩阵类,并在这个矩阵类上实现矩阵的加法、减法和乘法运算。计算任意从键盘上输入的两个 3 * 3 阶矩阵的各种运算的结果,将结果在屏幕上输出。

15. 按文本方式和二进制方式分别对一个文件进行读写,并比较两者的不同。

16. 已知一个类 CStudent,类中包含一个学生的基本数据如下:

编号,姓名,班级,性别,年龄,数学成绩,语文成绩,外语成绩,奖惩纪录。

请设计一个简单的数据文件,能够存储相应学生的情况,当用户从屏幕上输入一个学生的相应的信息后,将该信息存入到这个数据文件中。

17. 为上题的 CStudent 类提供输出运算符“<<”,使得该运算符能够完成将一个学生的信息按如下格式输出到屏幕上:

D001 李平 1 男 16 89 98 94 三好学生

上机实习题

1. **实习目的**:掌握 I/O 流的概念;熟悉相关类的功能;掌握文件的操作方法。

2. **实习内容**:

(1)编写一程序,统计一篇英文文章(磁盘中的文件)中单词的个数与行数。

(2)定义一个 Student 类,其中含学号、姓名、成绩数据成员。建立若干个 Student 类对象,将它们保存到文件 Record.dat 中。然后显示文件中的内容。

第 10 章

异常处理

学习目标：理解异常处理的概念；了解异常处理的实现思想；掌握常见的异常处理的方法。

异常处理是 C++中为了保证程序具有容错性而提供的机制。虽然错误修复技术是提高代码健壮性的有效方法，但是大多数程序设计人员在实际设计中往往忽略出错处理，出错处理的繁琐及错误检查引起的代码膨胀是导致上述问题的主要原因。C++中的异常处理机制能提供一种简洁方法，使得程序出现错误的时候，采取相对简单的措施来处理，然后继续程序的运行。

10.1 异常处理的概述

10.1.1 异常处理的任务

一个程序通过编译后投入运行，假设程序中不存在逻辑错误，但在运行过程中仍可能得不到正确的运行结果，甚至出现死机现象，原因常常是程序对非法的输入数据或者执行中间过程的出错没有正确处理。这类错误通常比较隐蔽，需要耗费许多时间和精力才能发现，是程序调试中的一个难点。在设计程序时，需要事先分析程序运行时可能出现的各种错误和意外情况，并且分别制订出相应的处理方法，这就是程序的异常处理的任务。

程序运行中的某些错误（或意外情况）不可避免，但可以预料。例如，做除法或模运算时使用的分母 y 为 0，程序中可通过添加如下形式的语句来判断是否出现了这种意外情况（即异常）：

```
if(y==0) { cout<<"Error occuring -- Divided by 0!";exit(1);}
```

若出现的话，则用户程序将进行干预，例如先在屏幕上给出适当的错误提示信息，而后停止程序运行等。

在运行没有异常处理的程序时，如果运行情况出现异常，由于程序本身不能处理，程序只能终止运行。如果在程序中设置了异常处理机制，即程序本身规定了相应的处理方法，程序的流程就会转到异常处理代码处执行。需要说明，只要程序中出现了与期望不同的情况，都可以认为是异常，并对它进行异常处理。因此，所谓异常处理简单地说就是对运行时出现的差错以及其他例外情况的处理。

对于大型程序来说，运行中一旦发生异常，应该允许恢复和继续运行。恢复的过程就是把产生异常所造成的恶劣影响去掉，中间可能要涉及一系列的函数调用链的退栈、对象的析构、资源的释放等。继续运行就是在执行了异常处理之后，在紧接着异常处理的代码区域中继续运行。

10.1.2 C++中异常处理的基本思想

C++中的异常处理机制是一种在程序运行期间由于处理错误的方法,它将程序中正常和异常的处理代码分开,有利于提高程序的可读性。

在一个小的程序中,可以用比较简单的方法处理异常。但是在一个大的系统中,如果在每一个函数中都设置处理异常的程序段,会使程序过于复杂和庞大。因此,C++采取的办法是:如果在执行一个函数过程中出现异常,可以不在本函数中立即处理,而是发出一个信息,传给它的上一级(即调用它的函数),它的上级捕捉到这个信息后进行处理。如果上一级的函数也不能处理,就再传给其上一级,由其上一级处理。如此逐级上送,如果到最高一级还无法处理,最后缺省的异常处理方式就是终止程序的执行。

这样做使异常的发现与处理不由同一函数来完成。好处是使底层的函数专门用于解决实际任务,而不必再承担处理异常的任务,以减轻底层函数的负担,而把处理异常的任务上移到某一层去处理,这样可以提高效率并且降级编码难度。

在 C++中,"异常"这个词用来描述从发生问题的代码区域传递到处理问题的代码区域的一个对象,完整的名称应为"异常信息",如图 10.1 所示。

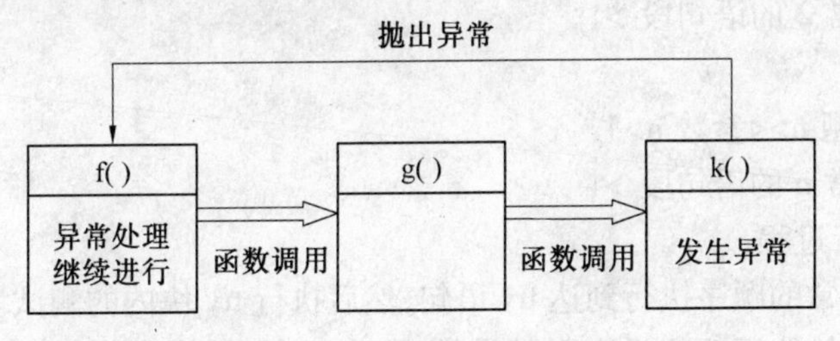

图 10.1 "异常"的工作过程

发生异常的地方在函数 k()中,处理异常的地方在其上层函数 f()中,处理异常后,函数 k()和 g()都退栈,然后程序在函数 f()中继续运行。

由图 10.1 可以看出,C++中异常的基本思想是:

(1)编程中容易出错的操作(如内存申请或文件打开等资源分配的操作)通常在程序的低层进行。

(2)当操作失败(如无法分配内存或无法打开一个文件时),在逻辑上如何进行处理通常是在函数调用链的高层。

(3)异常为从分配资源的代码转向处理错误状态的代码提供了一种便捷的实现方法。

10.2 异常处理的实现

C++处理异常的机制是由 3 个部分组成的,即检查(try)、抛出(throw)和捕捉(catch)。把需要检查的语句放在 try 块中,throw 用来当出现异常时发出一个异常信息,而 catch 则用来捕捉异常信息,如果捕捉到了异常信息就处理它,具体语法格式如下:

1. try 块语法

try 块的定义指示可能在这段程序的执行过程中发生错误,通常称为测试块。其语法格式

如下:

```
try
{
  语句段
}
```

2. throw 语法

如果某段程序中发现了自己不能处理的异常,就可以使用 throw 表达式抛掷这个异常,将它抛掷给调用者。throw 语句的语法格式如下:

```
throw<表达式>;
```

其中<表达式>表示异常类型,可以是任意类型的一个对象,包括类对象。

3. catch 块语法

由 throw 表达式抛掷的异常必须由紧跟其后的 catch 块捕获并处理。

```
catch(<异常类型 1><参数 1>)
{    <处理异常 1 的语句段 >}
catch(<异常类型 2><参数 2>)
{    <处理异常 2 的语句段 >}
…
catch(<异常类型 n><参数 n>)
{    <处理异常 n 的语句段 >}
```

异常处理的执行过程:

(1)控制通过正常的顺序执行到达 try 语句,然后执行 try 块内的测试块。

(2)如果在测试块执行期间没有引起异常,那么跟在 try 块后的 catch 子句不执行。程序从异常被抛掷的 try 块后跟随的最后一个 catch 子句后面的语句继续执行下去。

(3)如果在测试块执行期间或在测试块调用的任何函数中(直接或间接的调用)有异常被抛出,则通过 throw 操作抛出异常信息(一个异常对象),流程立即离开当前语句,系统会寻找与之匹配的 catch 子句。throw 抛出什么样的异常对象由程序设计者自己确定,可以是任何类型的数据。

(4)如果匹配的 catch 子句未找到,则终止程序执行。

(5)如果找到了一个匹配的 catch 处理程序,catch 处理程序被执行。在进行异常处理后,程序并不会自动终止,而是继续执行 catch 子句后面的语句。

下面用一个简单的例子说明上面异常处理语句的使用方法。

【例 10.1】 异常处理语句的使用方法。

```
//10_1.cpp
#include<iostream.h>
intDiv(int ,int );
int main()
{
  try
  {
```

```
        cout<<"5/2 ="<<Div(5,2)<<endl;
        cout<<"8/0 ="<<Div(8,0)<<endl;
        cout<<"7/1 ="<<Div(7,1)<< endl;
    }
    catch(int)
    {   cout<<"except of deviding zero. \n"; }
    cout<<"that is ok. \n";
}
int Div(int x,int y)
{
    if(y==0) throw y;
    return x/y;
}
```

程序运行结果为：

5/2=2

except of deviding zero.

that is ok.

有时需要重新抛出刚接收到的异常，这些工作通过加入不带参数的 throw 就可完成：

```
catch (int) {
    cout << "an exception was thrown "<<endl;
    throw;
}
```

如果一个 catch 句子忽略了一个异常，那么这个异常将进入更高层的上下文环境。由于每个异常抛出的对象是被保留的，所以更高层上下文环境的处理器可重新抛出来自这个对象的所有信息。

10.3　异常处理中的构造与析构

C++异常处理的强大能力，不仅在于它能够处理各种不同类型的异常，还在于它具有在异常抛出前为构造的所有局部对象自动调用析构函数的能力。这个能力很重要，它极大地方便了异常处理的实现过程，降低了出错处理的繁琐程度。

在程序中，找到一个匹配的 catch 异常处理后，如果 catch 子句的异常类型声明是一个值参数，则其初始化方式是复制被抛出的异常对象。如果 catch 子句的异常类型声明是一个引用，则其初始化是使该引用指向异常对象。

当 catch 子句的异常类型声明参数被初始化后，便开始进行栈的处理过程。这包括将从对应的 try 模块开始到异常被抛出处之间构造（且尚未析构）的所有自动对象进行析构，析构的顺序与构造的顺序相反，然后程序从最后一个 catch 处理之后开始恢复执行。

下面用一个例子说明带析构函数的类的 C++异常处理过程。

【例 10.2】　带析构函数的类的 C++异常处理。

```
//10_2.cpp
```

```
#include<ostream.h>
void function();
class Exception
{
public:
   Exception(){ }
   ~Exception(){ }
   void display();
};
void Exception::display()
{
   cout<<"调用异常类的成员函数!"<<endl;
}
class Demo
{
public:
   Demo();
   ~Demo();
};
Demo::Demo()
{  cout<<"Demo 类的构造函数!"<<endl;}
Demo::~Demo()
{  cout<<"Demo 类的析构函数!"<<endl;}
void function()
{
   Demo demo;
   cout<<"在函数 function()中抛掷异常类 Exception!"<<endl;
   throw Exception();
}
int main()
{
   cout<<"主函数开始执行."<<endl;
   try
   {
     cout<<"进入 try 模块,调用 function()."<<endl;
     function();
   }
   catch(Exception e)
   {
     cout<<"在 catch 模块捕捉 Exception 类异常."<<endl;
     e.display();
   }
   catch(char *str)
```

```
    {
        cout<<"在 catch 模块捕捉到其他异常："<<str<<endl;
    }
    cout<<"主函数执行结束!"<<endl;
    return 0;
}
```

此例子定义了一个异常类，该异常类有成员函数、构造函数和析构函数。在主函数的执行过程中，首先进入 try 模块，该模块调用函数 function，在此函数中调用构造函数创建了一个 Demo 类的对象，然后抛出异常，最后调用析构函数。在抛出异常类之后，进入 catch 模块，捕捉到异常类后，调用异常类的成员函数。

程序运行结果为：

主函数开始执行.

进入 try 模块，调用 function( ).

Demo 类的构造函数!

在函数 function( ) 中抛掷异常类 Exception!

Demo 类的析构函数!

在 catch 模块捕捉 Exception 类异常.

调用异常类的成员函数!

主函数执行结束!

10.4 异常处理的嵌套

一个大型的程序中，函数的调用关系可能会很复杂，相应的就会发生异常处理的嵌套。下面说明在 try 块中有函数嵌套调用的情况下抛出异常和捕捉异常的情况。看一个简单的例子：

【例 10.3】 异常处理的嵌套。

```
//10_3.cpp
#include<iostream.h>
int main( )
{
    void function1( );
    try
    {   function1( ); }              //调用 function 1( )
    catch(double)
    {   cout<<" main catch an exception of double! "<<endl;}
    cout<<" main end."<<endl;
    return 0;
}
void function1( )
{
    void function2( );
    try
```

```
    { function2( );}                         //调用 function 2( )
    catch(char)
    { cout<<" function1 catch an exception of char! ";}
    cout<<" function1 end. "<<endl;
  }

void function2( )
  {
    void function3( );
    try
    { function3( );}                         //调用 function 3( )
    catch(int)
    { cout<<" function2 catch an exception of int!"<<endl;}
    cout<<" function2 end. "<<endl;
  }
void function3( )
  {
    double a=0;
    try
    { throw a;}                              //抛出 double 类型异常信息
    catch(float)
    { cout<<" function3 catch an exception of float! "<<endl;}
    cout<<" function3 end. "<<endl;
  }
```

假设如下几种运行情况:

(1)执行上面的程序。

程序运行结果为:

main catch an exception of double!

main end.

(2)如果将 function3 函数中的 catch 子句改为:

```
catch(double)
{ cout<<"function3 catch an exception of double! "<<endl;}
```

而程序中其他部分不变,则程序运行结果为:

function3 catch an exception of double!

function3 end.

function2 end.

function1 end.

main end.

(3)如果在此基础上再将 function3 函数中的 catch 块改为:

```
catch(double)
{ cout<<"function3 catch an exception of double! "<<endl; throw;}
```

程序运行结果为：
function3 catch an exception of double！
main catch an exception of double！
main end.

10.5　实　例

本节通过几个常见的例子帮助大家熟悉异常处理的使用方法。

10.5.1　常见的异常处理 1

【例 10.4】　常见的异常处理 1。

```
//10_4.cpp
#include<iostream.h>
int function(int);
int main()
{
  try
  {
    int x = 3;
    int y = -6;
    int z = 0;
    cout<<x<<"! = "<<function(x)<<endl;
    cout<<y<<"! = "<<function(y)<<endl;
    cout<<z<<"! = "<<function(z)<<endl;
  }
  catch(int n)
  {
    cout<<"n = "<<n<<"的阶乘不存在!"<<endl;
  }
  cout<<"执行结束!"<<endl;
  return 0;
}
int function(int n)
{
  if(n <= 0) throw n;
  int result = 1;
  for(int i = 1;i <= n;i++)
    result *= i;
  return result;
}
```

这个例子实现了一个求阶乘的函数。由于阶乘运算的要求是从正整数 1 开始，如果给定的整数小于等于 0，就需要进行异常处理。本程序通过抛出不符合条件的整数来进行异常处理。

程序运行结果为:
3! = 6
n = -6 的阶乘不存在!
执行结束!

10.5.2 常见的异常处理2

【例10.5】 常见的异常处理2。

```
//10_5.cpp
#include<iostream.h>
void function(int);
int main()
{
  function(0);
  function(1);
  function(2);
  return 0;
}
void function(int x)
{
try
{
  if(x == 0) throw x;
  if(x == 1) throw 'x';
  throw "child";
}
catch(int n)
{
  cout<<"捕捉整数类型:"<<n<<endl;
}
catch(char n)
{
  cout<<"捕捉字符类型:"<<n<<endl;
}
catch(char * n)
{
  cout<<"捕捉字符串类型:"<<n<<endl;
}
}
```

这个例子中 function 函数对传进去的参数进行检查,然后抛出不同类型的异常。

程序运行结果为:
捕捉整数类型:0
捕捉字符类型:x

捕捉字符串类型:child

10.5.3　常见的异常处理 3

【例 10.6】　常见的异常处理 3。

```
//10 _6. cpp
#include"iostream. h"
void trigger( );
int main( )
{
try
{
  trigger( );
}
catch( char * str)
{
  cout<<"main : "<<str<<endl;
}
return 0;
}
void trigger( )
{
try
{
  throw "warning";
}
catch( char * str)
{
  cout<<"trigger : "<<str<<endl;
  throw;
}
}
```

这个例子用来说明再抛出异常的方法。程序由 trigger 函数的 try 模块抛出异常,在 trigger 函数的 catch 模块捕捉异常处理后返回主函数调用 trigger 的地方再抛出异常。

程序运行结果为:

trigger : warning
main : warning

小　结

异常处理是 C++语言提供的一种结构化错误处理机制,有 3 个组成部分:try、throw 和 catch;把需要检查的语句放在 try 块中,throw 用来发出异常信息,而 catch 则用来捕捉异常信息。异常处理程序如果不能确定异常的处理方式,可以在 catch 中把异常抛给上一个调用函数。异常机制的引入使得出错处理变得相对简单,也提高了程序的可读性。

练习题

1. 什么是异常处理?
2. 什么是异常重新抛出?
3. 为什么 C++要求资源的取得放在构造函数中,而资源的释放放在析构函数中?
4. 写出下面程序运行结果。

```
#include<iostream.h>
int a[10]={1,2, 3, 4, 5, 6, 7, 8, 9, 10};
int fun( int i);
int main()
{   int i ,s=0;
    for( i=0;i<=10;i++)
    { try
        { s=s+fun(i);}
        catch(int)
        {cout<<"数组下标越界! "<<endl;}
    }
    cout<<"s="<<s<<endl;
    return 0;
}
int fun( int i)
{   if(i>=10)   throw i;
     return a[i];
}
```

5. 写出下面程序运行结果。

```
#include "iostream.h"
void f();
class T
{
public:
    T( )
    {cout<<"constructor"<<endl;
    try
       {throw "exception";}
    catch( char * )
       {cout<<"exception"<<endl;}
    throw "exception";
    }
   ~T( ) {cout<<"destructor";}
};
```

```
int main( )
{   cout<<"main function"<< endl;
  try{ f( ); }
  catch( char * )
    { cout<<"exception2"<<endl;}
    cout<<"main function"<<endl;
    return 0 ;
}
void f( )
{   T t;   }
```

6. 阅读下面程序，指出其功能。

```
#include "iostream. h"
class Stack                          //定义堆栈类
{
struct Node
  {
    int content;
    Node  * next;
  } * top;
public:
  Stack( ) { top = NULL; }           // 构造函数的定义
  bool push(int i);                  // 压入栈成员函数的声明
  bool pop(int& i);                  // 弹出栈成员函数的声明
};
bool Stack::push(int i)              //压入栈成员函数的定义
{
  Node  * p=new Node;
  if (i>5)
  {
    delete p;
    throw   0;
  }
  else
  {
    p->content = i;
    p->next = top;
    top = p;
    return true;
  }
}
bool Stack::pop(int& i)              //弹出栈成员函数的定义
{
  if (top == NULL)
  { throw 0;}
```

```
        else
        {
            Node  * p=top;
            top = top->next;
            i = p->content;
            delete p;
            return true;
        }
    }
    int main( )
    {
        Stack st1;                                          // 定义对象 st1 和 st2
        int x;
        try{
            for(int i=1;i<8;i++)st1. push(i);   // 压入栈成员函数的调用
        }
        catch(int)
        {
            cout<<"Stack is overflow. \n";
        }
        cout<<"stack1:"<<endl;
        try{
            for(int i=1;i<=6;i++)
            {st1. pop(x);                                   // 弹出栈成员函数的调用
            cout<<x<<endl;
            }
        }
        catch(int)
        {   cout<<"Stack is empty. \n";
        }
        return 0;
    }
```

上机实习题

1. 实习目的:练习使用异常处理机制,加深对C++异常处理的理解。将异常处理机制与其他处理方式对内存分配失败这一异常进行处理对比,体会异常处理机制的优点。

2. 实习内容:

(1)以 String 类为例,在 String 类的构造函数中使用 new 分配内存。如果操作不成功,则用 try 语句触发一个 char 类型异常,用 catch 语句捕获该异常。

(2)在(1)的基础上,重载数组下标操作符[],使之具有判断与处理下标越界功能。

(3)定义一个异常类 Cexception,有成员函数 reason( ),用来显示异常的类型。定义一个函数 fun1( )触发异常,在主函数 try 模块中调用 fun1( ),在 catch 模块中捕获异常。

第11章 MFC 库与 Windows 程序开发概述

学习目标:了解 Windows 编程原理与消息处理机制;了解 Windows 应用程序框架的作用;初步掌握在 VC++环境下开发 Windows 应用程序的方法。

11.1 Windows 编程基本概念

在 Windows 系统下是一种完全不同于 DOS 方式的程序设计方法,程序的运行是由事件的发生来控制的,是基于事件驱动的。在程序提供给用户的界面中有许多可操作的可视对象,用户从所有可能的操作中任意选择,被选择的操作会产生某些特定的事件,这些事件发生后的结果是向程序中的某些对象发出消息,然后这些对象调用相应的消息处理函数来完成特定的操作,所以,消息驱动(事件驱动)机制是 Windows 程序设计的精髓。Windows 应用程序最大的特点就是程序没有固定的流程,而只是针对某个事件的处理有特定的子流程,Windows 应用程序就是由许多这样的子流程构成的。Windows 应用程序在本质上是面向对象的,程序提供给用户界面的可视对象在程序的内部一般也是一个对象,用户对可视对象的操作通过事件驱动方式触发相应对象的特定方法。程序的运行过程就是用户的外部操作不断产生事件,这些事件又被相应的对象处理的过程。

11.1.1 事件与消息

当用户按下一个键、移动鼠标、单击鼠标按钮或者点击按钮时,计算机通知 Windows 系统已经发生了一个事件,以及事件的种类、发生的时间和发生的位置(如坐标值)。事件以如下3种方式产生:

(1) 通过输入设备,如键盘和鼠标,产生硬件事件。

(2) 通过屏幕上可视的对象,如菜单、工具栏按钮、滚动条和对话框上的控件。

(3) 来自 Windows 内部,例如,当一个后面的窗口显示到前面来。

Windows 消息是在 Windows.h 文件中用宏定义的常数。消息常数名通常为 WM_XXX,例如,WM_QUIT、WM_CHAR。当用户单击鼠标左键时,将发送 WM_LBUTTONDOWN 消息,而双击则发送 WM_LBUTTONDBLCLK 消息,表示相应事件的发生。

11.1.2 消息驱动

DOS 程序是由一系列预先定义好的操作序列的组合,具有一定的开头、中间过程和结束,也就是程序直接控制程序事件和过程的顺序,它的基本模型如图 11.1(a)所示。

事件驱动的程序设计不是由事件的顺序来控制,而是由事件的发生来控制,而这种事件的发生是随机的、不确定的,并没有预定的顺序。

它在程序设计过程中除了完成所需功能之外,更多地考虑了用户的各种输入,并根据需要设计相应的处理程序。程序开始运行时,处于等待用户输入事件状态,然后取得事件并作出相应反应,处理完毕又返回并处于等待事件状态,如图 11.1(b)所示。

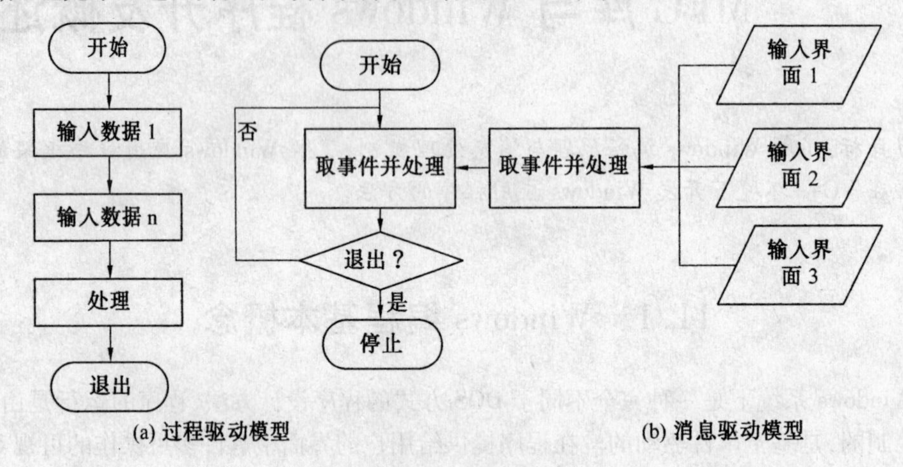

图 11.1 消息驱动

11.2 利用 MFC 编写 Windows 程序

MFC(Microsoft Foundation Class)类库是用来编写 Windows 应用程序的 C++类集,封装了大部分 Windows API 函数和 Windows 控件,所以使用 MFC 类库和 VC++提供的高度可视化的应用程序开发工具,可以明显降低应用程序的开发时间。

11.2.1 MFC 编程基础

MFC 是一个很大的、扩展了的 C++类层次结构,它能使开发 Windows 应用程序变得更加容易。MFC 是在整个 Windows 家族中都是兼容的,每当新的 Windows 版本出现时,MFC 也会得到修改以便使旧的编译器和代码能在新的系统中工作。MFC 也会得到扩展,添加新的特性,变得更加容易建立应用程序。

与传统上使用 C 语言直接访问 Windows API 相反,使用 MFC 和 C++的优点是 MFC 已经包含和压缩了所有标准的“样板文件”代码,这些代码是所有用 C 编写的 Windows 程序所必需的。因此用 MFC 编写的程序要比用 C 语言编写的程序小得多。另外,MFC 所编写的程序的性能也毫无损失。必要时,可以直接调用标准 C 函数,因为 MFC 不修改也不隐藏 Windows 程序的基本结构。

使用 MFC 的最大优点是包含了成千上万行正确、优化和功能强大的 Windows 代码。你所调用的很多成员函数完成了开发员可能很难完成的工作。从这点上讲,MFC 极大地加快了程序开发速度。

MFC 是很庞大的,例如,版本 4.0 中包含了大约 200 个不同的类。万幸的是,典型的程序中不需要使用所有的函数。事实上,可能只需要使用其中的十多个 MFC 中的不同类就可以建立一个非常漂亮的程序。该层次结构大约可分为几种不同的类型的类,有:应用程序框架;图形绘制的绘制对象;文件服务;异常处理;结构 - List、Array 和 Map;Internet 服务;OLE 2;数据库;通用类。

在本章中,集中讨论可视对象。现给出了部分类:Cobject;CcmdTarget;CwinThread;CwinApp;CWnd;CframeWnd;Cdialog;Cview;Cstatic;Cbutton;ClistBox;CcomboBox;Cedit;CscrollBar。

注意　MFC 中的大部分类都是从基类 CObject 中继承下来的。该类包含有大部分 MFC 类所通用的数据成员和成员函数。CWinApp 类是在建立应用程序时要用到的,并且任何程序中都只用一次。CWnd 类汇集了 Windows 中的所有通用特性、对话框和控制。CFrameWnd 类是从 CWnd 继承来的,并实现了标准的框架应用程序。CDialog 可分别处理无模式和有模式两种类型的对话框。CView 是用于让用户通过窗口来访问文档。最后,Windows 支持 6 种控制类型:静态文本框;可编辑文本框;按钮;滚动条;列表框和组合框(一种扩展的列表框)。

为了建立一个 MFC 应用程序,一般不会直接使用这些类,而通常需要从这些类中继承新的类。在继承的类中,可以建立新的成员函数,这能更适用自己的需要。

下面简单介绍一下 MFC 程序设计的过程。列如要编一个程序来向用户显示“hello world”信息。这当然是很简单的,但仍需要一些考虑。“hello world”应用程序首先需要在屏幕上建立一个窗口来显示“hello world”。然后需要实际把“hello world”放到窗口上。

我们需要如下一些对象来完成这项任务:

一个应用程序对象,用来初始化应用程序并把它挂到 Windows 上。该应用程序对象处理所有的低级事件;

一个窗口对象来作为主窗口;

一个静态文本对象,用来显示“hello world”。

用 MFC 所建立的每个程序都会包含前两个对象,第三个对象是针对该应用程序的需要特别设置的。每个应用程序都会定义它自己的一组用户界面对象,以显示应用程序的输出和收集应用的输入信息。一旦完成了界面的设计,并决定实现该界面所需要的控制,就需要编写代码来在屏幕上建立这些控制。还要编写代码来处理用户操作这些控制所产生的信息。在“hello world”应用程序中,只有一个控制。它用来输出“hello world”。复杂的程序可能在其主窗口和对话框中需要很多控制。在应用程序中有两种不同的方法来建立用户控制。这里所介绍的是用 C++代码方式来建立控制。但是,在比较大的应用程序中,这种方法是很繁琐的。因此,在通常情况下要使用图形编辑器来建立控制,这种方法要方便得多。

理解一个典型的 MFC 程序的结构和样式的最好方法是实现一段简单的小程序,然后研究它是如何运行的。下面的程序是一段简单的“hello world”程序,程序运行时的界面如图 11.2 所示。让我们看一下如何用 MFC 来实现。

【例 11.1】　Windows 系统下基于 MFC 开发的“hello world”。

```
#include"afxwin. h"
//说明应用程序类
class CHelloApp : public CWinApp
{
public:
```

图 11.2 "hello world"程序的运行结果

```
    virtual BOOL InitInstance( );
};
//建立应用程序类的实例
CHelloApp HelloApp;
//说明主窗口类
class CHelloWindow : public CFrameWnd
{
CStatic * cs;
public:
    CHelloWindow( );
};
//每当应用程序首次执行时都要调用的初始化函数
BOOL CHelloApp::InitInstance( )
{
m_pMainWnd = new CHelloWindow( );
m_pMainWnd->ShowWindow(m_nCmdShow); m_pMainWnd->UpdateWindow( );
return TRUE;
}
//窗口类的构造函数
CHelloWindow::CHelloWindow( )
{
        //建立窗口本身
Create(NULL, "Hello World!", WS_OVERLAPPEDWINDOW,
      CRect(0,0,200,200));
        //建立静态标签
cs = new CStatic( );
cs->Create("hello world", WS_CHILD|WS_VISIBLE|SS_CENTER,
    CRect(50,80,150,150), this);
}
```

这个简单的例子做了 3 件事。第一,它建立了一个应用程序对象。所编写的每个 MFC 程序都有一个单一的程序对象,它用来完成使用 MFC 和 Windows 的初始化工作。第二,应用程序建立了一个窗口来作为应用程序的主窗口。第三,在应用程序的窗口中建立了一个静态文本标签,并在其中显示"hello world"几个字。稍后我们仔细研究这段程序,以理解其结构。下面我们先了解如何在 Visual C++6.0 中执行这段程序。

单击"File|New"选项。在 New 对话框的"Projects"选项卡中选择"Win32 Application"工程类型。在"Location"文本框中选择一个合适的路径名或单击"Browse"按钮来选择一个。在"Project name"文本框中输入"hello"作为项目名称。这时候你会看到"hello"也会出现在"Location"文本框,如图 11.3 所示,在"Win32 Application-step |of|"对话框选择"Anempty project"单击"Fiush"按钮,最后单击"OK"按钮。

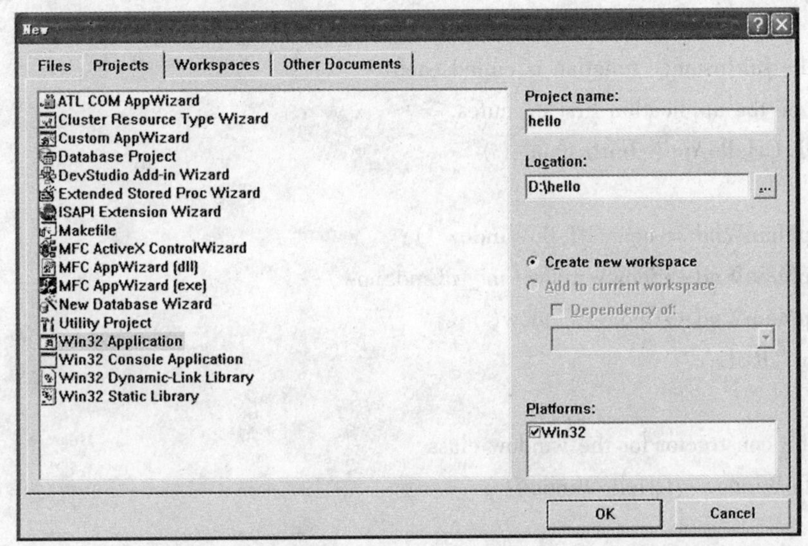

图 11.3　建立一个"项目"

单击"Project|Settings"选项。在弹出的对话框中选择"General"标签。在"Microsoft Foundation Classes"组合框中,选择"Use MFC in a Shared DLL"。然后关闭对话框。

在工程中添加 Hello. cpp 文件,将前面的程序输入并保存。运行程序,可以看到一个带有"hello world"的窗口。该窗口本身带有:标题栏、尺寸缩放区、最大和最小按钮等。在窗口上,有一个标有"hello world"的区域。你可以移动窗口、缩放窗口、最小化等。你只使用了很少的代码就完成了一个完整的 Window 应用程序。这就是使用 MFC 的优点。所有的细节问题都有 MFC 来处理。

下面列出以上已经输入、编译和运行的"hello world"程序的代码。添加行号是为了讨论方便,我们来一行行地研究它,你会更好地理解 MFC 建立应用程序的方式。

```
1 //hello. cpp
2 #include <afxwin. h>
3 // Declare the application class
4 class CHelloApp : public CWinApp
5 {
6   public:
7   virtual BOOL InitInstance( );
8 };
```

```
9 // Create an instance of the application class
10 CHelloApp HelloApp;
11 // Declare the main window class
12 class CHelloWindow : public CFrameWnd
13 {
14 CStatic * cs;
15 public:
16 CHelloWindow();
17 };
18 // The InitInstance function is called each
19 // time the application first executes.
20 BOOL CHelloApp::InitInstance()
21 {
22 m_pMainWnd = new CHelloWindow();
23 m_pMainWnd->ShowWindow(m_nCmdShow);
24 m_pMainWnd->UpdateWindow();
25 return TRUE;
26 }
27 // The constructor for the window class
28 CHelloWindow::CHelloWindow()
29 {
30 // Create the window itself
31 Create(NULL,
32 "Hello World!",
33 WS_OVERLAPPEDWINDOW,
34 CRect(0,0,200,200));
35 // Create a static label
36 cs = new CStatic();
37 cs->Create("hello world",
38 WS_CHILD|WS_VISIBLE|SS_CENTER,
39 CRect(50,80,150,150),
40 this);
41 }
```

该程序由 6 个部分组成,每一部分都起到很重要的作用。

首先,该程序包含了头文 afxwin. h (第 2 行)。该头文件包含有 MFC 中所使用的所有的类型、类、函数和变量。它也包含了其他头文件,如 Windows API 库等。

第 3 ~ 8 行从 MFC 说明的标准应用程序类 CwinApp 派生出了新的应用程序类 CHelloApp。该新类是为了要重载 CWinApp 中的 InitInstance 成员函数。InitInstance 是一个应用程序开始执行时要调用的可重载函数。

在第 10 行中，说明了应用程序作为全局变量的一个事例。该实例是很重要的，因为它要影响到程序的执行。当应用程序被装入内存并开始执行时，全局变量的建立会执行 CWinApp 类的缺省构造函数。该构造函数会自动调用在 18 ~ 26 行定义的 InitInstance 函数。

在第 11 ~ 17 中，CHelloWindow 类是从 MFC 中的 CFrameWnd 类继承来的。CHelloWindow 是作为应用程序在屏幕上的窗口。建立新的类以便实现构造函数、析构函数和数据成员。

第 18 ~ 26 行实现了 InitInstance 函数。该函数产生一个 CHelloWindow 类的事例，因此会执行第 27 ~ 41 行中类的构造函数，它也会把新窗口放到屏幕上。

第 27 ~ 41 行实现了窗口的构造函数。该构造函数实际是建立了窗口，然后在其中建立一个静态文本控件。

注意　在该程序中没有 main 或 WinMain 函数，也没有事件循环。然而我们从上一讲在执行中知道它也处理了事件。窗口可以最大或最小化、移动窗口等。所有这些操作都隐藏在主应用程序类 CWinApp 中，并且我们不必为它的事件处理而操心，它都是自动执行、在 MFC 中不可见的。

下面我们详细介绍程序的各部分。

用 MFC 建立的每个应用程序都要包括一个单一从 CWinApp 类继承来的应用程序对象。该对象必须被说明成全局的(第 10 行)，并且在你的程序中只能出现一次。从 CWinApp 类继承的对象主要是处理应用程序的初始化，同时也处理应用程序主事件循环。CWinApp 类有几个数据成员和几个成员函数。在上面的程序中，我们只重载了一个 CWinApp 中的虚拟函数 InitInstance。

应用程序对象 HelloApp 的目的是初始化和控制程序。因为 Windows 允许同一个应用程序的多个事例在同时执行，因此 MFC 把初始化过程分成两部分并使用两个函数 InitApplication 和 InitInstance 来处理它。此处，只使用了一个 InitInstance 函数。当每次调用应用程序时都会调用一个新的事例。第 3 ~ 8 行的代码建立了一个称为 CHelloApp 的类，它是从 CWinApp 继承来的。它包含一个新的 InitInstance 函数，是从 CWinApp 中已存在的函数(不做任何事情)重载来的：

```
3 // Declare the application class
4 class CHelloApp : public CWinApp
5 {
6  public:
7     virtual BOOL InitInstance();
8 };
```

在重载的 InitInstance 函数内部，第 18 ~ 26 行，程序使用 CHelloApp 的数据成员 m_pMainWnd 来建立并显示窗口：

```
18 // The InitInstance function is called each
19 // time the application first executes.
20 BOOL CHelloApp::InitInstance()
21 {
22 m_pMainWnd = new CHelloWindow();
23 m_pMainWnd->ShowWindow(m_nCmdShow);
```

```
24 m_pMainWnd->UpdateWindow();
25 return TRUE;
26 }
```

InitInstance 函数返回 TRUE 表示初始化已成功的完成。如果返回了 FALSE,则表明应用程序会立即终止。当应用程序对象在第 10 行建立时,它的数据成员(从 CWinApp 继承来的)会自动初始化。例如,m_pszAppName、m_lpCmdLine 和 m_nCmdShow 都包含有适当的初始化值。可参见 MFC 的帮助文件来获得更详细的信息。我们使用这些变量中的一个。

MFC 定义了两个类型的窗口:

(1)框架窗口,它是一个全功能的窗口,可以改变大小、最小化、最大化等。

(2)对话框窗口,它不能改变大小。框架窗口是典型的主应用程序窗口。

在下面的代码中,从 CFrameWnd 中派生了一个新的类 CHelloWindow:

```
11 // Declare the main window class
12 class CHelloWindow : public CFrameWnd
13 {
14 CStatic * cs;
15 public:
16    CHelloWindow();
17 };
```

它包括一个新的构造函数,同时还有一个指向程序中所使用的唯一用户界面控件-静态文本的数据成员。所建立的每个应用程序在主窗口中都会有一些控件,因此,继承类将有一个重载的构造函数以用来建立主窗口所需要的所有控制。

典型地,一个应用程序将有一个主应用程序窗口。因此,CHelloApp 应用程序类定义了一个名为 m_pMainWnd 成员变量来指向主窗口。为了建立该程序的主窗口,InitInstance 函数(第 18~26 行)建立了一个 CHelloWindow 事例,并使用 m_pMainWnd 来指向一个新的窗口。我们的 CHelloWindow 对象是在第 22 行建立的:

```
18 // The InitInstance function is called each
19 // time the application first executes.
20 BOOL CHelloApp::InitInstance()
21 {
22 m_pMainWnd = new CHelloWindow();
23 m_pMainWnd->ShowWindow(m_nCmdShow);
24 m_pMainWnd->UpdateWindow();
25 return TRUE;
26 }
```

只建立一个简单的框架窗口是不够的,还要确保窗口能正确地出现在屏幕上。首先,代码必须要调用窗口的 ShowWindow 函数以使窗口出现在屏幕上(第 23 行)。其次,程序必须要调用 UpdateWindow 函数来确保窗口中的每个控件和输出能正确地出现在屏幕上(第 24 行)。那么,ShowWindow 和 UpdateWindow 函数是在哪儿定义的? CFrameWnd 是从 CWnd 类继承来的。CWnd 类包含有 200 多个不同的成员函数。CWnd::ShowWindow 函数,只有一个参数,可以设置不同的参数值。我们把它设置成我们程序中 CHelloApp 的数据成员变量 m _ nCmdShow (第23 行)。m _ nCmdShow 变量是用来初始化应用程序启动的窗口显示方式的,是一种外界与应用程序通讯的方式。可以用不同的 m _ nCmdShow 值来试验 ShowWindow 的效果。

第 22 行是初始化窗口。它为调用 new 函数分配内存。在这一点上,程序在执行时会调用 CHelloWindow 的构造函数。在窗口构造函数的内部,窗口必须建立它自己。它是通过调用 CFrameWnd 的 Create 成员函数来实现的(第 31 行):

```
27 // The constructor for the window class
28 CHelloWindow::CHelloWindow()
29 {
30 // Create the window itself
31 Create(NULL,
32 "Hello World!",
33 WS_OVERLAPPEDWINDOW,
34 CRect(0,0,200,200));
```

Create 函数共传递了 4 个参数。第一个 NULL 参数表示使用缺省的类名;第二个参数为出现在窗口标题栏上的标题;第三个参数为窗口的类型属性,该程序使用了正常的、可覆盖类型的窗口;第四个参数指出窗口应该放在屏幕上的位置和大小,左上角为(0,0),初始化大小为 200×200 个象素。如果使用了 rectDefault,则 Windows 会自动放置窗口及大小。

这个程序很简单,它只在窗口中建立了一个静态文本控件(见第 35 ~ 40 行)。程序在从 CFrameWnd 类中继承 CHelloWindow 类时(第 11 ~ 17 行)时,说明了一个成员类型 CStatic 及其构造函数。CHelloWindow 构造函数主要做两件事情,第一是通过调用 Create 函数(第 31 行)来建立应用程序的窗口,然后分配和建立属于窗口的控件。在我们的程序中,只使用了一个控件。在 MFC 中建一个对象总要经过两步:第一是为类的实例分配内存,调用构造函数来初始化变量;第二步调用 Create 函数来实际建立屏幕上的对象。程序中使用这两步分配、构造和建立了一个静态文本对象:

```
27 // The constructor for the window class
28 CHelloWindow::CHelloWindow()
29 {
30 // Create the window itself
31 Create(NULL,
32 "Hello World!",
33 WS_OVERLAPPEDWINDOW,
34 CRect(0,0,200,200));
35 // Create a static label
36 cs = new CStatic();
37 cs->Create("hello world",
38 WS_CHILD|WS_VISIBLE|SS_CENTER,
39 CRect(50,80,150,150),
40 this);
41 }
```

CStatic 构造函数是在为其分配内存时调用的,然后就调用了 Create 函数来建立 CStatic 控制的窗口。Create 函数所使用的参数与窗口建立函数所使用的参数是类似的(第 31 行)。第一个参数指定了控制中所要显示的文本内容;第二个参数指定了类型属性,在此我们使用的是子窗口类型,它是可见的、文本的显示位置是居中的;第三个参数决定了控制的大小和位置。第四参数表示该子窗口的父窗口。已经建立了一个静态控件,它将出现在应用程序窗口上,并显示指定的文本。

程序的运行过程如图 11.4 所示。当运行用户应用程序时,程序中的框架首先获得控制权,然后依次执行下述功能:

(1)做部分初始化工作。

(2)构造应用程序的唯一应用类的对象,构造应用类对象时要调用其构造函数。

(3)调用 WinMain( )函数(此函数也隐藏在应用框架内部)。

(4)从 WinMain( )函数返回后,删除应用程序的唯一应用类的对象,删除时要调用其析构函数。

(5)终止应用程序。

(6)进行退出应用程序前的收尾工作,如删除注册的窗口类并释放其内存等。

(7)返回。

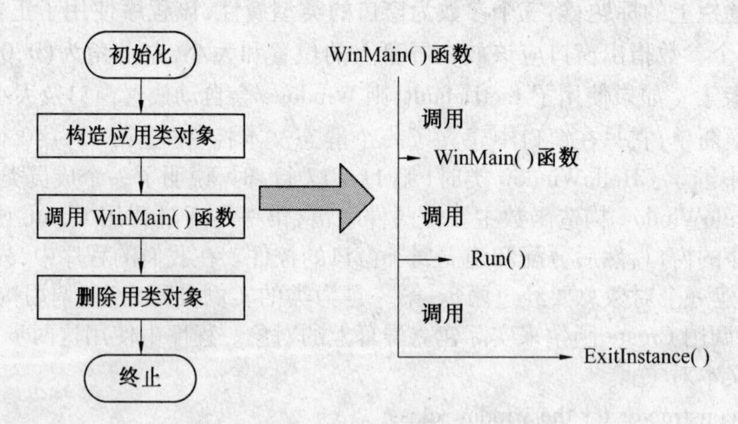

图 11.4　Windows 程序的运行过程

11.2.2　利用 AppWziard 生成应用程序

利用 VC++提供的可视化的应用程序开发工具(资源编辑器、AppWziard 和 ClassWizard 等),可以明显降低应用程序的开发时间。AppWziard 为整个应用程序生成框架代码,同时 ClassWizard 为消息处理程序生成原型和函数体。

用 VC++编写 MFC 应用程序,一般有 3 个步骤:第一,创建工程,用 VC++的 MFC AppWizard 生成应用程序的工程文件,即应用程序的基本框架;第二,可视化设计,用 VC++自带的工具软件 Winzards,制作 Windows 风格的图形用户界面和各种控件;第三,编写代码,用 MFC ClassWizard 添加消息响应函数,然后 VC++提供的文本编辑器和 C++程序设计语言在函数中编写代码。

下面我们利用 AppWziard 编写一个简单的程序 MyHello,运行结果如图 11.5 所示。主窗口显示字符串:“Hello,我们开始 Visual C++编程了!”。

MyHello 程序由以下两步完成：

第一步：用 VC++6.0 的 MFC AppWizard，创建应用程序的基本窗口框架；

第二步：编写显示字符串："Hello，我们开始 Visual C++编程了！"的代码。

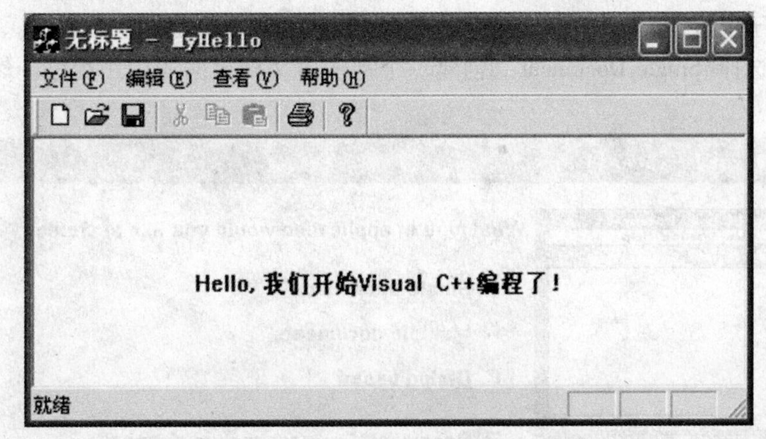

图 11.5　程序运行效果

实现步骤：

(1)启动 VC++，单击"File | New"选项，在 New 对话框中选择"Project"标签，选择"MFC AppWizard(exe)"类型，将创建一个 MFC 的 EXE 程序，如图 11.6 所示。

(2)在"Project name"文本编辑框中输入"MyHello"，单击位于"Location"框右边的小按钮，再从下拉的对话框中选择"D:\MYVC"。

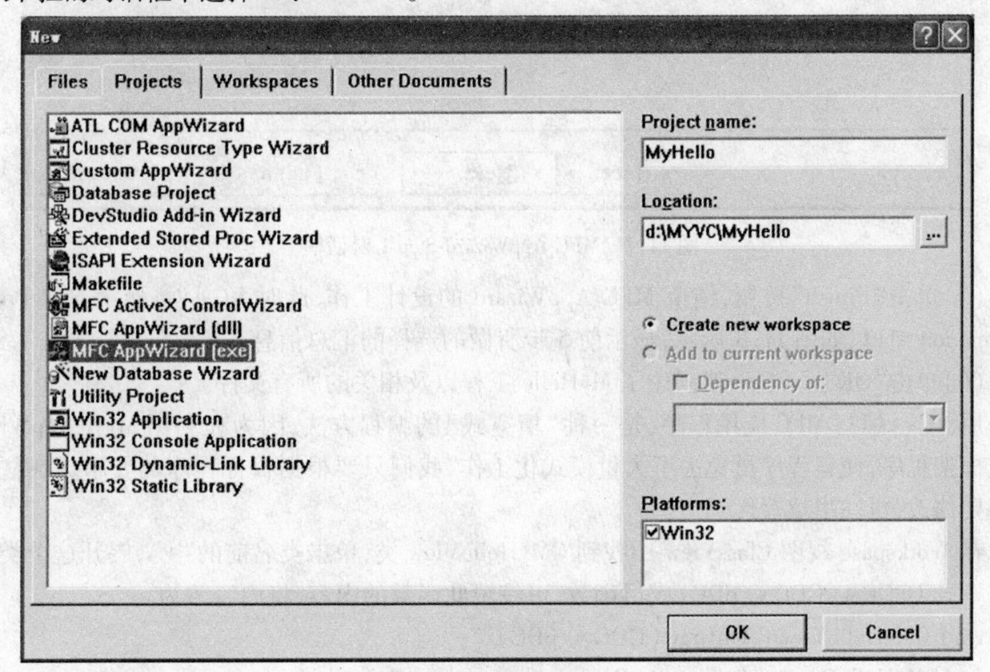

图 11.6　New 对话框

(3)单击"OK"按钮。此时 Visual C++将显示 MFC AppWizard-Step 1 对话框，如图 11.7 所示。

(4)在 MFC AppWizard-Step 1 对话框中,"Single Document"选项表示单文档界面,简称SDI,这种类型应用程序的主窗口只能容纳一个文档,如 Windows 自带的记事本。"Multiple documents"选项表示多文档界面,简称 MDI,这种类型应用程序容许同时打开多个文档,这些文档可以层叠于主窗口。"Dialog based"选项表示生成基于对话框的应用程序。

在本例中选择"Single Document",创建一个基于单文档界面的应用程序。然后选择资源语言。

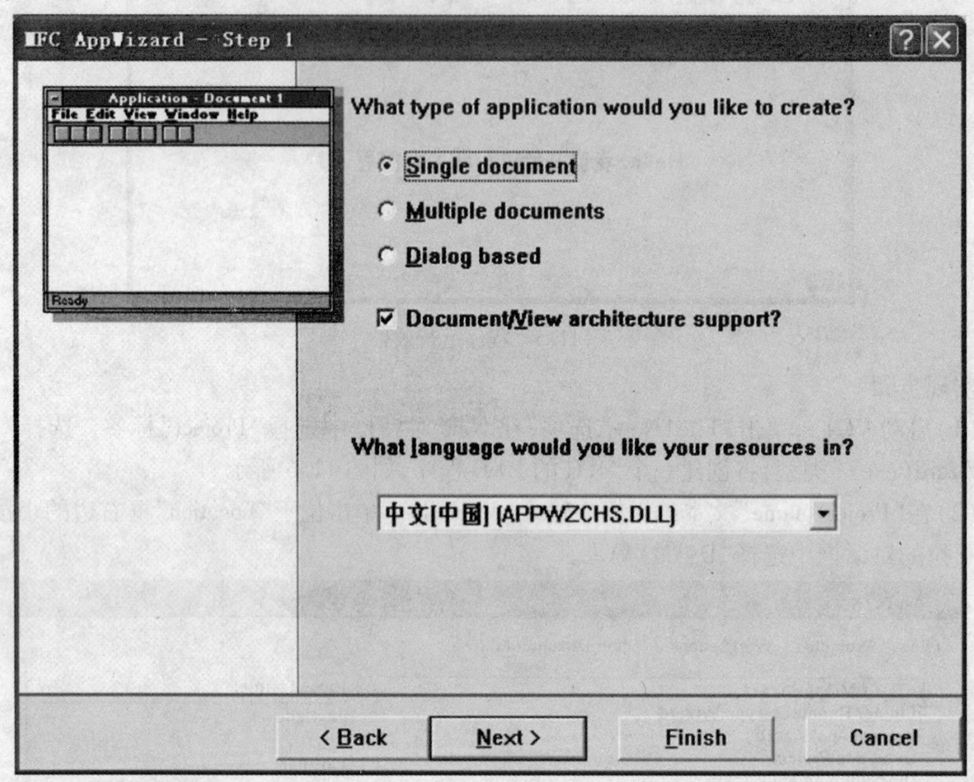

图 11.7 MFC AppWizard-Step 1 对话框

(5)单击"Finish"按钮,结束 MFC AppWizard 的设计工作,此时 VC++将显示 New Project Information 窗口,如图 11.8 所示,显示前 5 步所做的选择的汇总信息。

(6)单击"OK"。VC++就创建了 MyHello 工程以及相关的所有文件。

用 VC++编写 MFC 应用程序,是一种"填空式"的编程方法,因为在利用 MFC AppWizard 生成框架程序,使得程序员免去了大量模式化工作,我们只要根据目标程序的要求,看哪些地方需要修改,再往里填写代码。

在 Workspase 视图 ClassView 中找到 CMyHelloView 类,单击类名前的"+",展开这个类,双击其下的 OnDraw(CDC * pDC)成员函数,可编辑此函数的内容,将内容改为。

```
void CMyHelloView::OnDraw(CDC * pDC)
{  CMyHelloDoc * pDoc = GetDocument();
   ASSERT_VALID(pDoc);
   // TODO: add draw code for native data here
   pDC->TextOut(100,80,"Hello, 我们开始 Visual  C++编程了!");
```

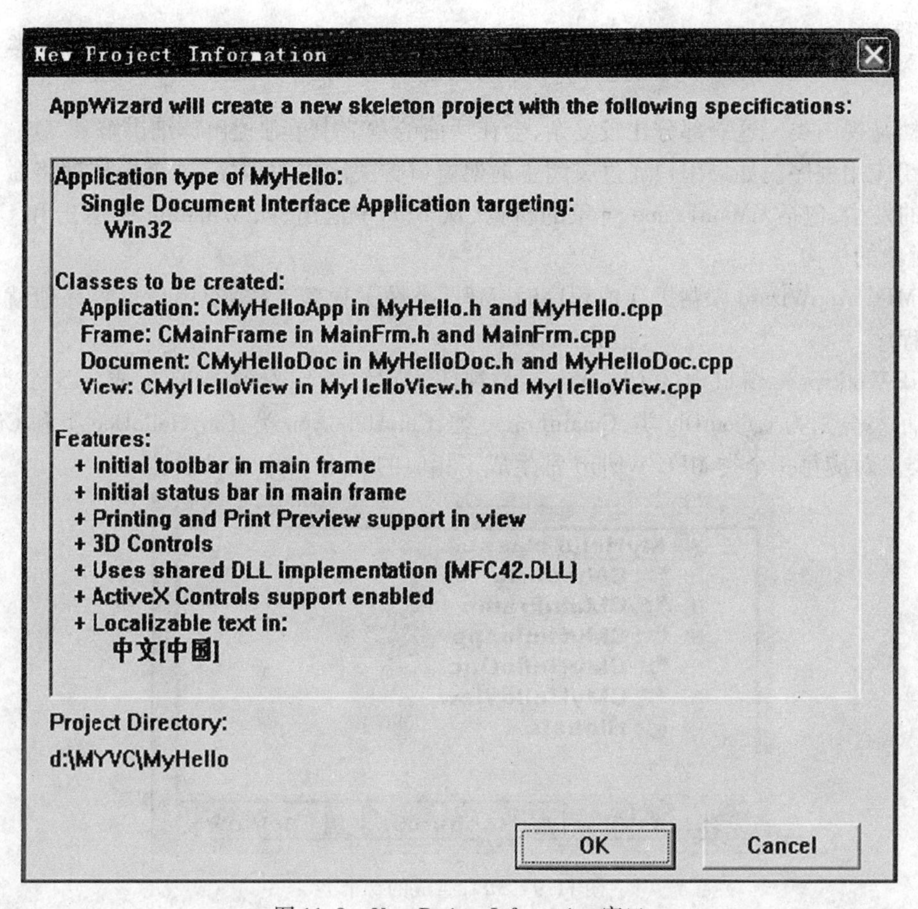
New Project Information

AppWizard will create a new skeleton project with the following specifications:

Application type of MyHello:
Single Document Interface Application targeting:
Win32

Classes to be created:
Application: CMyHelloApp in MyHello.h and MyHello.cpp
Frame: CMainFrame in MainFrm.h and MainFrm.cpp
Document: CMyHelloDoc in MyHelloDoc.h and MyHelloDoc.cpp
View: CMyHelloView in MyHelloView.h and MyHelloView.cpp

Features:
+ Initial toolbar in main frame
+ Initial status bar in main frame
+ Printing and Print Preview support in view
+ 3D Controls
+ Uses shared DLL implementation (MFC42.DLL)
+ ActiveX Controls support enabled
+ Localizable text in:
中文[中国]

Project Directory:
d:\MYVC\MyHello

OK　Cancel

图 11.8　New Project Information 窗口

}

运行程序即可得到图 11.5 所示的结果。

下面我们就了解 MFC 相关的知识。

MFC AppWizard 生成的应用程序包括这样一些要素：

● WinMain 函数。Windows 要求应用程序必须有一个 WinMain 函数，它隐藏在应用程序框架中。

● 应用程序类。也称 CMyHelloApp，该类的每一个对象代表一个应用程序。程序中默认定义一个全局 CMyHelloApp 对象，即 theApp。

● 应用程序启动。启动应用程序时，Windows 调用应用程序框架内置的 WinMain 函数，WinMain 寻找 CWinApp 由派生出的全局构造的应用程序对象。

● 成员函数 CMyHelloApp::InitInstance。当 WinMain 函数找到应用程序对象时，它调用伪成员函数 InitInstance，这个成员函数调用所需的构造并显示应用程序的主框架窗口。必须在派生的应用程序类中重载 InitInstance，因为 CWinApp 基类不知道需要什么样的主框架窗口。

● 成员函数 CWinApp::Run。函数 Run 隐藏在基类中，但是它发送应用程序的消息到窗口，以保持应用程序的正常运行。在 WinMain 调用 InitInstance 之后，便调用 Run。

● CMainFrame 类。CMainFrame 类的对象代表应用程序的主框架窗口。当构造函数调用基类 CFrameWnd 的成员函数 Create 时，Windows 创建实际窗口结构，应用程序框架把它连接到 C

++对象,函数 ShowWindows 和 UpdateWindow 也是基类的成员函数,必须调用它们类显示窗口。

- 文档与视图类。这一部分比较复杂,会在后面的章节中单独提出详细讲解。
- 关闭应用程序。如果用户通过关闭主框架窗口类关闭应用程序,这个操作就将激发一系列事件的发生,包括 CMainFrame 对象的析构、从 Run 中退出、从 WinMain 中退出和 CMyHelloApp 对象的析构。

用 MFC AppWizard 来帮助生成程序时,MFC 类做了很多工作,使用户很容易地就能够编写一个程序。

打开 Workspace 窗口中的 ClassView(类视图)标签,我们看到 MFC 生成了 5 个类,如图 11.9 所示。分别为 CaboutDlg 类,CmainFrame 类,CmyHelloApp 类,CmyHelloDoc 类和 CmyHelloView 类。对应每一个类 MFC Wizard 都生成了相应的. h 和. cpp 文件。

图 11.9　MFC 生成的 5 个类

(1)应用类 CMyHelloApp

应用类 CMyHelloApp 派生于 MFC 中的 CWinApp 类,其作用是初始化应用程序及运行该应用程序所需要的成员函数,而 CWinApp 类派生于 CWinThread 类,代表了程序中运行的主线程,它就是运行程序的本身,所以每一个基于 MFC 创建的应用程序只能包含该类唯一的派生类对象。

MyHello. h 是应用程序的主头文件,它声明了 CMyHelloApp 类,其中虚函数 InitInstance() 的作用是:设置注册数据库,载入标准设置(最近打开文件列表等)、注册文档模板并隐含地创建了主窗口、处理命令行参数和显示窗口,然后返回、进入消息循环。CMyHelloApp 类的完整代码如下:

```
class CMyHelloApp : public CWinApp
{
public:
    CMyHelloApp();
    // Overrides
    // ClassWizard generated virtual function overrides
    //{{AFX_VIRTUAL(CMyHelloApp)
public:
    virtual BOOL InitInstance();
```

```
    //}}AFX_VIRTUAL
    // Implementation
    //{{AFX_MSG(CMyHelloApp)
    afx_msg void OnAppAbout();
    // NOTE - the ClassWizard will add and remove member functions here.
    //      DO NOT EDIT what you see in these blocks of generated code !
    //}}AFX_MSG
    DECLARE_MESSAGE_MAP()
};
```

(2)主框架窗口类 CMainFrame

窗口类 CMainFrame 派生于 CFrameWnd,主要用来管理应用程序的窗口,显示标题栏、工具栏、状态栏等。同时还要处理针对窗口操作的消息。在窗口类 CMainFrame 中有两个主要函数 PreCreateWindow 和 OnCreate,两个对象 m_wndStatusBar(属于状态栏类 CStatusBar,用于创建管理状态栏)和 m_wndToolBar(属于工具栏类 CToolBar,用于创建管理工具栏)。

类 CMainFrame 在 MainFrm.h 中定义,完整的代码如下:

```
class CMainFrame : public CFrameWnd
{
protected: // create from serialization only
    CMainFrame();
    DECLARE_DYNCREATE(CMainFrame)
    ……
    //{{AFX_VIRTUAL(CMainFrame)
    virtual BOOL PreCreateWindow(CREATESTRUCT& cs);
    //}}AFX_VIRTUAL
    ……
protected:  // control bar embedded members
    CStatusBar   m_wndStatusBar;
    CToolBar   m_wndToolBar;
protected:
    //{{AFX_MSG(CMainFrame)
    afx_msg int OnCreate(LPCREATESTRUCT lpCreateStruct);
    //NOTE - the ClassWizard will add and remove member functions here.
    // DO NOT EDIT what you see in these blocks of generated code!
    //}}AFX_MSG
    DECLARE_MESSAGE_MAP()
};
```

(3)文档类 CMyHelloDoc

文档类 CMyHelloDoc 派生于 CDocument 类。主要用来存放应用程序的数据,以及文件的保存加载功能,文档类要通过与视图类来实现与用户的交互。在文档类 CMyHelloDoc 中声明的 OnNewDocument 函数用于初始化文档,Serialize 函数串行化(保存和装入)文档,Dump 函数用于调试诊断。

文档类 CMyHelloDoc 的详细代码如下:

```
class CMyHelloDoc : public CDocument
{
protected: // create from serialization only
    CMyHelloDoc();
    DECLARE_DYNCREATE(CMyHelloDoc)
    ......
    // ClassWizard generated virtual function overrides
    //{{AFX_VIRTUAL(CMyHelloDoc)
public:
    virtual BOOL OnNewDocument();
    virtual void Serialize(CArchive& ar);
    //}}AFX_VIRTUAL
    // Implementation
public:
    virtual ~CMyHelloDoc();
    #ifdef _DEBUG
    virtual void AssertValid() const;
    virtual void Dump(CDumpContext& dc) const;
    #endif
    ......
    DECLARE_MESSAGE_MAP()
};
```

(4)视图类 CMyHelloView

视图类 CMyHelloView 派生于 CView 类,用于管理视图窗口,它对应的对象在框架窗口中实现用户数据的显示和打印。

在视图类 CMyHelloView 中有与文档数据相关的 3 个函数 OnPreparePrinting、OnBeginPrintting 和 OnEndPrinting,用以实现数据打印;声明了返回 CMYhelloDoc 指针的函数 GetDocument 用以获取文档的指针,以实现对用户文档的数据的操作;声明了函数 OnDraw,用以实现视图数据的显示和刷新。

视图类 CMyHelloView 的详细代码如下:

```
class CMyHelloView : public CView
{
protected: // create from serialization only
    CMyHelloView();
    DECLARE_DYNCREATE(CMyHelloView)
public:
    CMyHelloDoc * GetDocument();
    // Operations
public:
    //{{AFX_VIRTUAL(CMyHelloView)
public:
    virtual void OnDraw(CDC * pDC);  // overridden to draw this view
```

```
    virtual BOOL PreCreateWindow(CREATESTRUCT& cs);
protected:
    virtual BOOL OnPreparePrinting(CPrintInfo * pInfo);
    virtual void OnBeginPrinting(CDC * pDC, CPrintInfo * pInfo);
    virtual void OnEndPrinting(CDC * pDC, CPrintInfo * pInfo);
    //}}AFX_VIRTUAL
    ……
    DECLARE_MESSAGE_MAP()
};
```

11.2.3　MFC 消息映射机制

在 MFC 中,对消息的处理采用消息映射机制。本小节将对消息以及 MFC 的消息映射机制做一个深入的讲解。

1. 消息的种类

在 Windows 程序设计中,消息是个极为重要的概念,用户通过窗口界面的各种操作最后都转化为发送到程序中的对象的各种消息。Windows 程序设计中最常用的一些消息:

(1)键盘消息

- WM_CHAR,该消息的处理函数 OnChar()
- WM_KEYDOWN,用户按下一个非系统键
- WM_KEYUP,在非系统键被释放时产生

这 2 个消息用来处理用户的键盘数据,当用户在键盘上按下某个键的时候,会产生 WM_KEYDOWN 消息,释放按键的时候会产生 WM_KEYUP 消息,所以 WM_KEYDOWN 与 WM_KEYUP 消息一般总是成对出现的,至于 WM_CHAR 消息,是在用户的键盘输入能产生有效的 ASCII 码时才会发生。这里特别提醒要注意前两个消息与 WM_CHAR 消息在使用上是有区别的。在前两个消息中,伴随消息传递的是按键的虚拟键码,所以这两个消息可以处理非打印字符,如方向键,功能键等。而伴随 WM_CHAR 消息的参数是所按的键的 ASCII 码,ASCII 码是可以区分字母的大小写的。而虚拟键码是不能区分大小写的。2 种消息原型分别如下:

```
afx_msg void OnChar(UINT nChar, UINT nRepCnt, UINT nFlags);
afx_msg void OnKeyDown(UINT nChar, UINT nRepCnt, UINT nFlags);
```

(2)鼠标消息

- WM_MOUSEMOVE,用户将鼠标移进窗口或在窗口中移动
- WM_LBUTTONDOWN,用户按下左键
- WM_LBUTTONUP,用户释放左键
- WM_LBUTTONDBCLICK,用户双击左键
- WM_RBUTTONDOWN,用户按下右键
- WM_RBUTTONUP,用户释放右键
- WM_RBUTTONDBCLICK,用户双击右键

这组消息是与鼠标输入相关的,WM_MOUSEMOVE 消息发生在鼠标移动的时候,剩余的 6 个消息则分别对应于鼠标左右键的按下、释放、双击事件。消息原形分别如下:

```
afx_msg void OnMouseMove(UINT nFlags, CPoint point);
afx_msg void OnLButtonDown(UINT nFlags, CPoint point);
afx_msg void OnLButtonUp(UINT nFlags, CPoint point);
afx_msg void OnLButtonDblClk(UINT nFlags, CPoint point);
afx_msg void OnRButtonDown(UINT nFlags, CPoint point);
afx_msg void OnRButtonUp(UINT nFlags, CPoint point).
```

(3)窗口消息

- WM_CREATE,窗口被创建
- WM_DESTROY,窗口被销毁
- WM_CLOSE,窗口被关闭
- WM_MOVE,窗口发生移动
- WM_SIZE,窗口发生改变
- WM_PAINT,窗口发生重绘

当创建一个窗口对象的时候,这个窗口对象在创建过程中收到的就是 WM_CREATE 消息,对这个消息的处理过程一般用来设置一些显示窗口前的初始化工作,如设置窗口的大小,背景颜色等,WM_DESTROY 消息指示窗口即将要被撤消,在这个消息处理过程中,我们就可以做窗口撤消前的一些工作。WM_CLOSE 消息发生在窗口将要被关闭之前,在收到这个消息后,一般性的操作是回收所有分配给这个窗口的各种资源。在 windows 系统中资源是很有限的,所以回收资源的工作还是非常重要的。

当窗口移动的时候产生 WM_MOVE 消息,窗口的大小改变的时候产生 WM_SIZE 消息,而当窗口工作区中的内容需要重画的时候就会产生 WM_PAINT 消息。消息原形分别如下:

```
afx_msg int OnCreate(LPCREATESTRUCT lpCreateStruct);
afx_msg void OnDestroy();
afx_msg void OnClose();
afx_msg void OnMove(int x, int y);
afx_msg void OnSize(UINT nType, int cx, int cy);
afx_msg void OnPaint();
```

(4)焦点消息

- WM_SETFOCUS,窗口得到焦点
- WM_KILLFOCUS,窗口失去焦点

当一个窗口从非活动状态变为具有输入焦点的活动状态的时候,它就会收到 WM_SETFOCUS 消息,而当一个窗口失去输入焦点变为非活动状态的时候它就会收到 WM_KILLFOCUS 消息。消息原形分别如下:

```
afx_msg void OnSetFocus(CWnd * pOldWnd);
afx_msg void OnKillFocus(CWnd * pNewWnd);
```

(5)定时器消息:WM_TIMER

Windows 定时器是一种周期性消息产生装置,当我们为一个窗口设置了定时器资源之后,系统就会按规定的时间间隔向窗口发送 WM_TIMER 消息,在这个消息中就可以处理一些需要定期处理的事情。定时器消息的响应函数是 OnTimer,原形如下:

afx _ msg void OnTimer(UINT nIDEvent) ;

对于定时器的操作,通常都会和函数 SetTimer( )配合使用。在响应 OnTimer 函数之前,应先添加一个定时器对其进行触发,如果没有建立定时器,系统是不会自己去触发 OnTimer 函数的,SetTimer 函数的作用就是设置定时器,定义如下:

UINT SetTimer(UINT nIDEvent, UINT nElapse, void (CALLBACK EXPORT * lpfnTimer) (HWND, UINT, UINT, DWORD)) ;

nIDEvent 代表定时器标志。

nElapse 代表时间间隔,以毫秒为单位。

lpfnTimer 指定定时器消息处理函数,通常为 NULL,表示以 OnTimer 为定时器消息处理函数,当然我们也可以重载该函数。

设置定时器之后就可以在 OnTimer 函数中键入代码,当定时器时间触发时,系统就会调用 OnTimer 函数,处理用户希望发生的操作。

(6)命令消息:WM _ COMMAND

每当用户选择一个菜单项、单击一个按钮或需要告诉系统应当执行什么操作的时候,则发送一条命令消息 WM _ COMMAND。所有命令消息都包含有一个共同的参数,那就是该命令消息需要操作的资源 ID 的值。例如,当我们单击菜单项 File|New 时,产生的命令消息将包含该菜单项的资源 ID 值,如 ID _ FILE _ NEW,处理函数为 OnCommand( )。

2. 应用程序的 Run 函数

应用程序在初始化之后,被 MFC 封装在 CWinApp 类中的 WinMain 会开始调用 Run 函数来处理消息循环。Run 函数是应用程序的核心,它要占用程序运行期绝大部分时间。该函数是个循环函数,负责从应用程序的消息队列中检索和处理各种消息,不断执行循环,检查消息队列中是否有消息。如果消息队列中有消息,并且不是 WM _ QUIT 消息,那么 Run 就被调入 MFC 的消息处理代码中;如果是 WM _ QUIT 消息,则循环结束。如果队列中没有消息,Run 就调用 OnIdle 函数,用户可以重载该函数使应用程序能够执行任何后台任务。

MFC 应用程序对消息的处理大致分为两个阶段,第一阶段,应用程序类的 Run 函数把消息从应用程序的消息队列中提取出来,并且发送到目标类对象,即主框架窗口类对象。第二阶段,所有消息(包括窗口消息、命令消息等)的最终目标并不一定是主窗口类,可能是其他类,如视图类等,主窗口对象在 MFC 消息机制的协助下继续寻找消息处理函数。一般情况下,应用程序类的 Run 函数继承 CWinApp 的虚函数 Run,除非有特殊的要求,一般不去重载它。

3. 消息映射表

当 MFC 应用程序类的 Run 函数把消息交给主窗口后,主窗口函数如何处理这些消息的呢? 在 Win32 程序中,处理消息的窗口回调函数 WndProc 利用 switch-case 结构来对消息进行判别并分类处理。但 MFC 应用程序的主窗口类对消息的处理并没有采用 Win32 的方法。MFC 的做法是,在每个能接收和处理消息的类中,定义一个消息和消息函数静态对照表,该表叫消息映射表。在消息静态表中,消息与对应的消息处理函数指针是成对出现的。某个类能处理的所有消息及其对应的消息处理函数的地址都列在这个类所对应的静态表中。当有消息需要处理时,程序只要搜索该消息静态表,查看表中是否含有该消息,就可知道该类能否处理此消息。如果能处理该消息,则同样依照静态表能很容易找到并调用对应的消息处理函数。

那么,类中是如何加入静态消息映射表,用户是怎么样添加消息映射的呢? MFC 是通过提供一对宏来实现的。DECLARE _ MESSAGE _ MAP( )和 BEGIN _ MESSAGE _ MAP( )、END _ MESSAGE _ MAP( )。这两对宏的说明如下:

DECLARE _ MESSAGE _ MAP

在类的头文件(.h)中,在类声明的尾部,用于声明在源文件中存在的消息映射。

lBEGIN _ MESSAGE _ MAP( )和 END _ MESSAGE _ MAP( )

在类的实现文件(.cpp)中使用,分别标识消息映射的开始和消息映射的结束。

可以查看一下例 11.2 中的头文件,都定义了相应的消息映射。

4. 如何手动添加用户自定义消息映射

一个 MFC 消息处理程序需要一个函数原形、一个函数体和一个在消息映射中的输入项(宏调用)。对于类本身提供的消息处理函数,我们可以通过 ClassWizard 或工作台添加消息映射。那么,如果要动态响应用户自定义的函数,又将怎样添加消息映射呢?

假设,我们自定义发送一个 WM _ HIDE 消息,其消息响应函数为 OnHide( ),添加消息映射的过程如下:

(1) 为自定义的消息起一个别名

在头文件中或 Resource.h 文件中,为 WM _ HIDE 消息定义一个 ID 号,如:

```
#define   WM _ HIDE    WM _ USER+101
```

这里使用 WM _ USER 是为了避免消息被重复定义,以及和 Windows 系统定义的消息发生冲突。WM _ USER 从 0x0400 ~ 0x7FFF 是 Windows 操作系统专门为用户保留的用于标志用户自定义消息的。用户取值应该取这一段的值,如 WM _ USER+1、WM _ USER+2。

注意 同一个应用程序中,用户自定义的多个消息的 ID 值不能相同,都是唯一的。

(2)声明消息处理函数

在类的头文件(.h)中,在类声明的部分,在宏 DECLARE _ MESSAGE _ MAP 之前添加消息响应函数,如:

```
class CTestView:public CView
{……
  protected:
  //{{AFX _ MSG(CTest1View)
  //系统本身的消息处理函数
  //}}AFX _ MSG
  afx _ msg void OnHide( );
  DECLARE _ MESSAGE _ MAP( )
};
```

(3)建立消息映射

在类的实现文件中,在宏 BEGIN _ MESSAGE _ MAP( )和 END _ MESSAGE _ MAP( )之间添加消息映射,如:

```
IMPLEMENT _ DYNCREATE(CTest1View, CView)
BEGIN _ MESSAGE _ MAP(CTest1View, CView)
//{{AFX _ MSG _ MAP(CTest1View)
```

```
//系统本身的消息映射
//}}AFX_MSG_MAP
// Standard printing commands
ON_MESSAGE(WM_HIDE,OnHide)
END_MESSAGE_MAP()
```

(4)定义消息处理函数的函数体

在类的实现文件中的末尾添加函数体,假定我们添加的是 View 类的自定义消息,则形式如下:

```
void CTest1View::OnHide()
{
//添加代码完成特定的操作
}
```

11.3　Windows 应用程序开发实例

前面说明了 Windows 应用程序开发的特殊之处,介绍了 MFC 库的主要类,以及在 VC++ 6.0 中 MFC AppWizard 的使用。这一节,通过一个 Windows 应用实例“通讯录系统”,来演示一个简单 Windows 应用程序开发过程。

11.3.1　程序功能描述

通讯录系统采用 TXT 文件作为信息存储介质,实现简单的通讯信息管理,包括录入及查询等功能。实例的编写涉及 C++的文件操作类 ofstream、ifstream 的应用,并且通过简单应用介绍编辑框控件、组合框控件及按钮的操作。通讯录应用实例的运行效果如图 11.10、图 11.11 所示。实例程序包括界面设计与代码编写两个部分,下面将详细描述应用实例的设计过程。

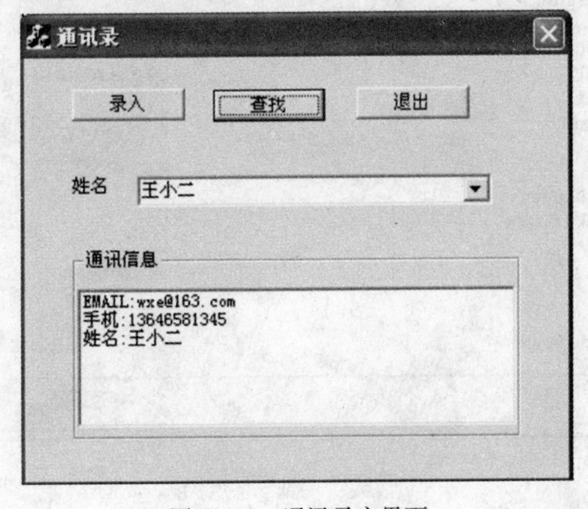

图 11.10　通讯录主界面

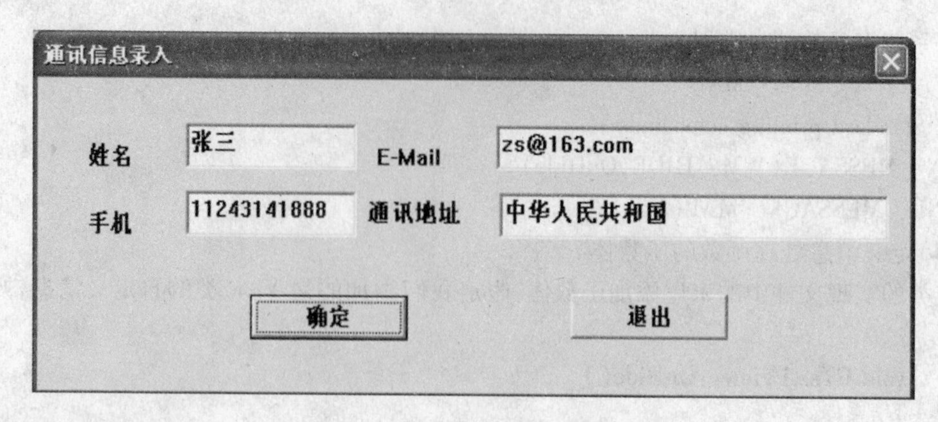

图 11.11　通讯信息录入界面

11.3.2　一步一步学开发

(1)首先,启动 VC++编程环境,新建一个 MFC APPWizard[exe]工程,工程名为 Example,在位置栏选择相应的保存位置,如图 11.12 所示,点击确定按钮弹出图 11.13 所示对话框,该应用为基于对话框的应用程序,因此,在应用程序类型选项中,选择"Dialog baseed"单选项,单击"Next"按钮。在接下来的 3 步向导中都选择默认项,单击"Finished"按钮,再单击"OK"按钮。至此,完成了工程的新建任务,返回 VC++操作窗口,如图 11.14 所示界面。

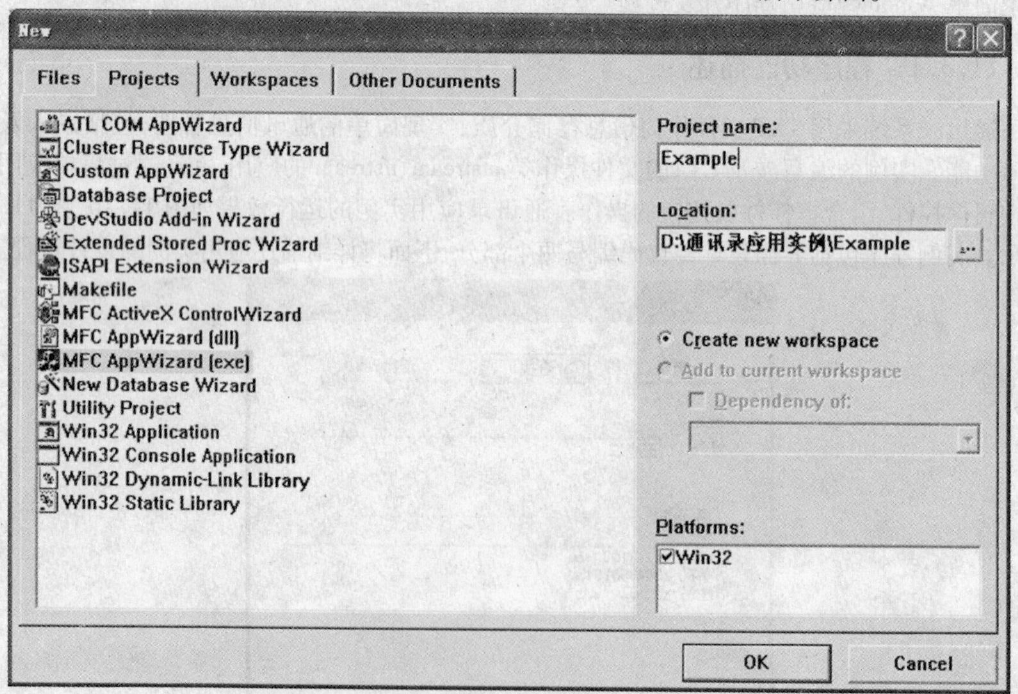

图 11.12　新建对话框

(2)图 11.14 窗体为通讯录应用实例主界面,参照图 11.10 从工具箱拖放 3 个按钮控件(Button),1 个静态文本控件(Static Text),1 个组合框控件(Combo Box),1 个列表框控件(List Box),1 个分组框控件(Group Box)。

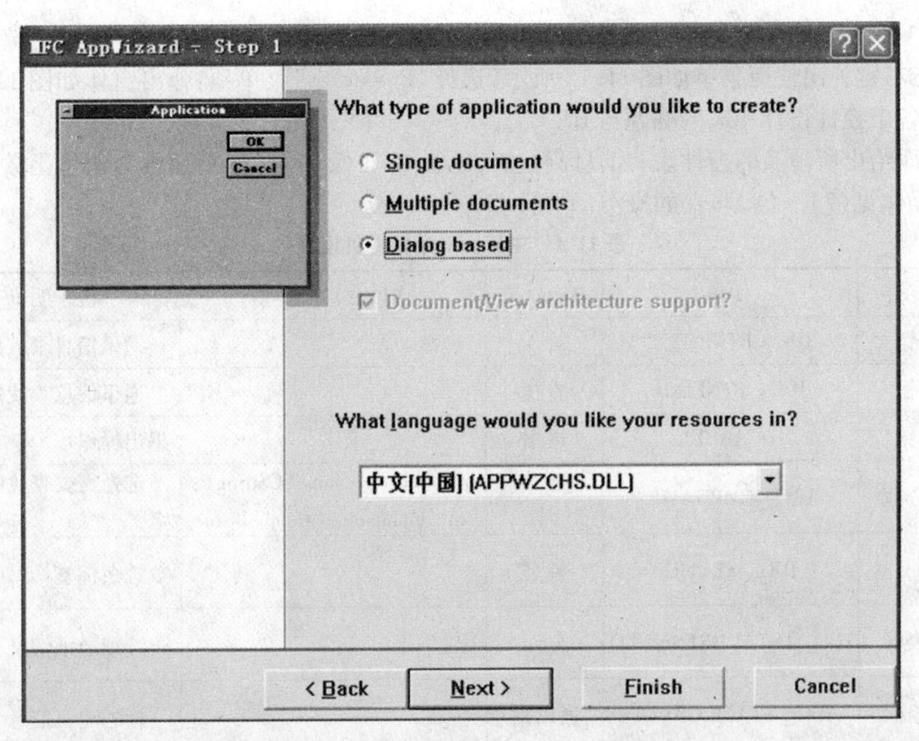

图 11.13　MFC AppWizard Step1 对话框

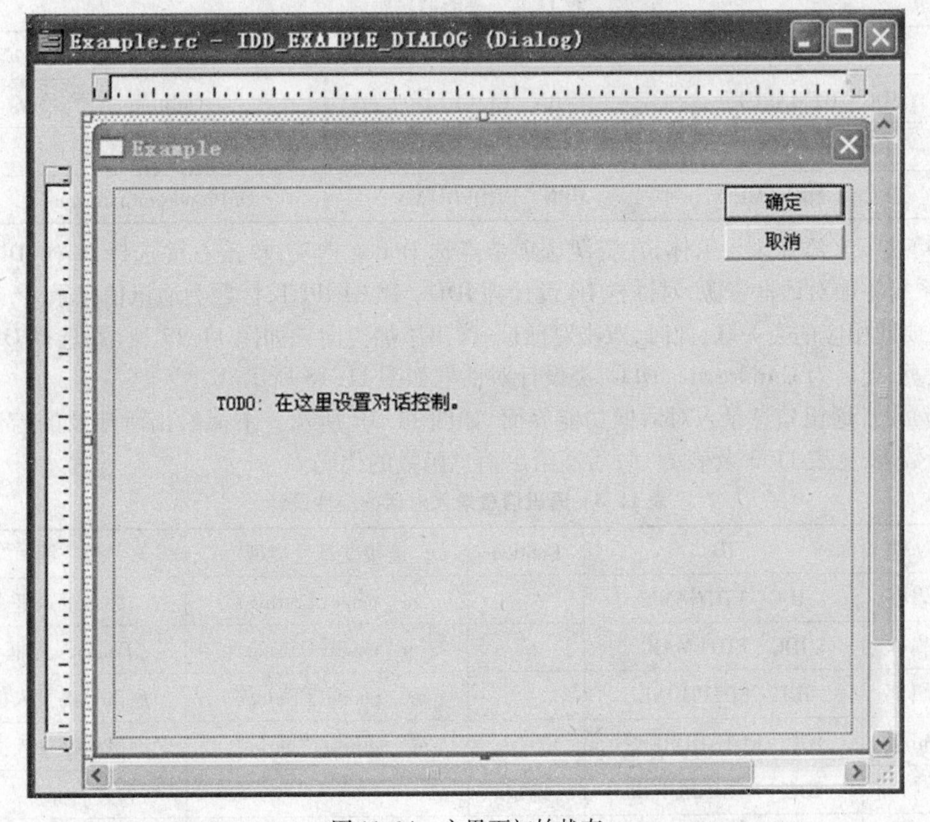

图 11.14　主界面初始状态

(3)完成控件摆放后,进行属性设计,将鼠标移到需要修改属性的控件,点击左键选中控件,点击右键弹出快捷菜单如图 11.15 所示,选择"Properties"菜单项,弹出窗体如图 11.16 所示。为各个控件设计相应的标题与 ID。

下面给出所涉及的控件表和消息函数表,见表 11.1 及表 11.2,后面给出消息函数的代码(添加操作见(7)~(8)步聚的操作,下同)。

表 11.1 主界面对话框控件设计

控 件	ID	Caption	连接变量及类型	说 明
按钮	IDC_BTNINPUT	录入		通讯信息录入按钮
按钮	IDC_BTNFIND	查找		通讯信息查找按钮
按钮	IDCANCEL	退出		退出操作
组合框	IDC_CMBNAME		m_cmbselcetname(CString); m_cmbname(CComboBox)	选择需要查找的人名
静态文本	IDC_STATIC	姓名		姓名标签
列表框	IDC_LSTADDRESSINFO			详细通讯信息
分组框	IDC_STATICGRUOP	通讯信息		标志通讯信息

表 11.2 类的消息函数

对象 ID	消 息	函 数
IDC_BTNINPUT	BN_CLICKED	OnBtninput()
IDC_BTNFIND	BN_CLICKED	OnBtnfind ()
IDC_CMBNAME	CBN_DROPDOWN	OnDropdownCmbname()

(4)接下来添加录入窗体,在资源选项卡点选 Dialog 选项,单击右键选择 Insert Dialog 菜单项,系统添加对话框资源,对话框 ID 设计为 IDD_DLGINPUT,标题为通讯信息录入,对话框资源需要同相应的类关联,此时,双击对话框,弹出添加类向导如图 11.17 所示,选择 OK 新建对话框类,类名为 CAddressListDLG,类设计对话框如图 11.18 所示。

(5)设计通讯信息录入对话框功能界面,如图 11.19 所示。下面给出所涉及的控件表和消息函数表,见表 11.3 及表 11.4,后面给出消息函数的代码。

表 11.3 通讯信息录入对话框控件设计

控 件	ID	Caption	连接变量及类型	说 明
编辑框	IDC_EDTNAME		m_name(CString)	姓名录入框
编辑框	IDC_EDTEMAIL		m_email(CString)	Email 录入框
编辑框	IDC_EDTPHONE		m_phone(CString)	通讯号码录入框
编辑框	IDC_EDTADDRESS		m_address(CString)	通讯地址录入框
命令按钮	IDC_BTNINPUTOK	确定		姓名标签
命令按钮	IDCANCEL	退出		详细通讯信息

图 11.15 属性设计

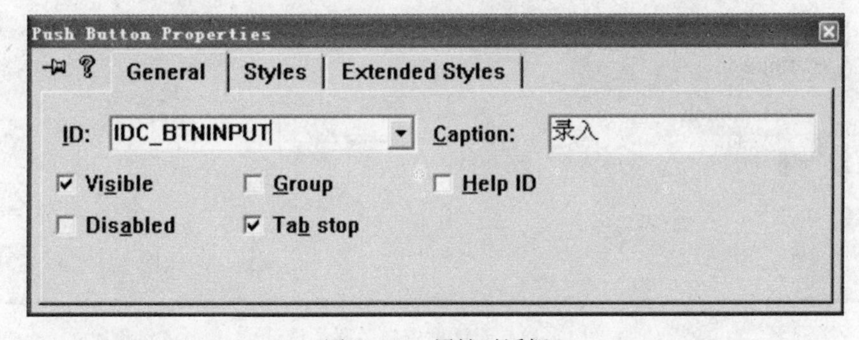

图 11.16 属性对话框

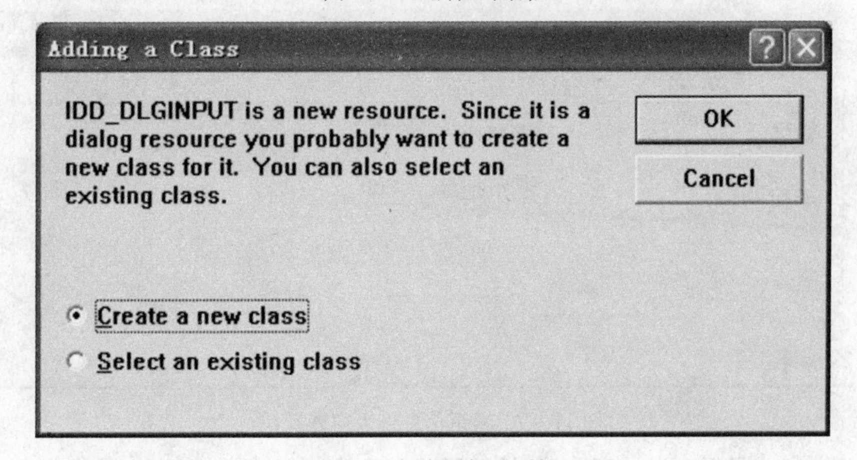

图 11.17 类添加对话框

表 11.4 类的消息函数

对象 ID	消 息	函 数
IDC _ BTNINPUTOK	BN _ CLICKED	OnBtninputok( )
IDCANCEL	BN _ CLICKED	OnCancel( )

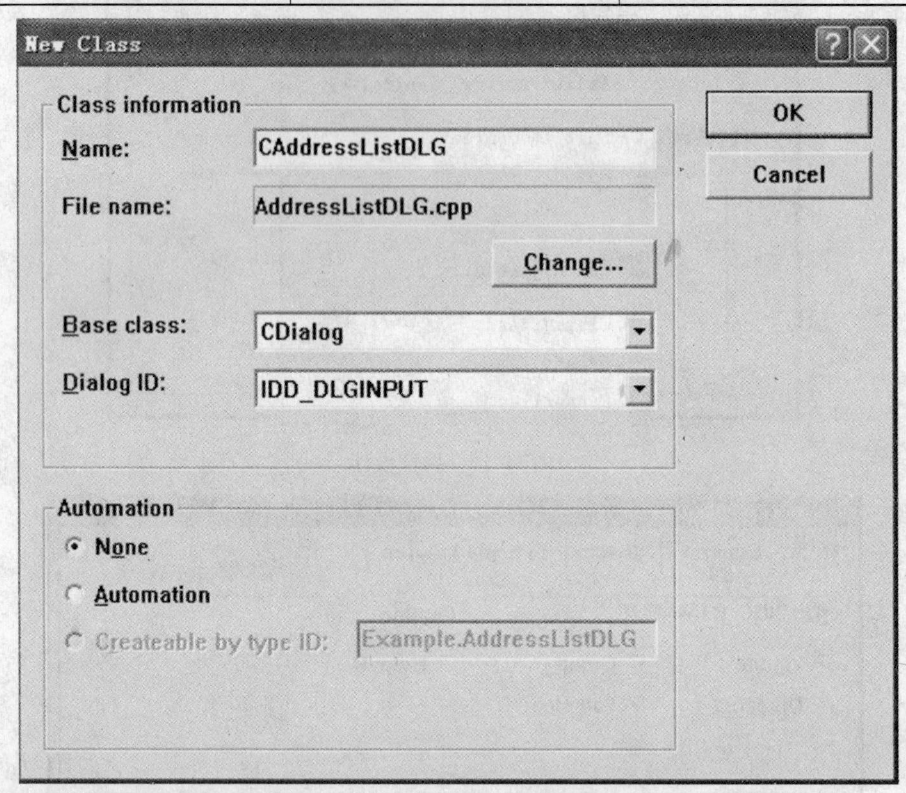

图 11.18 对话框资料关联类设计

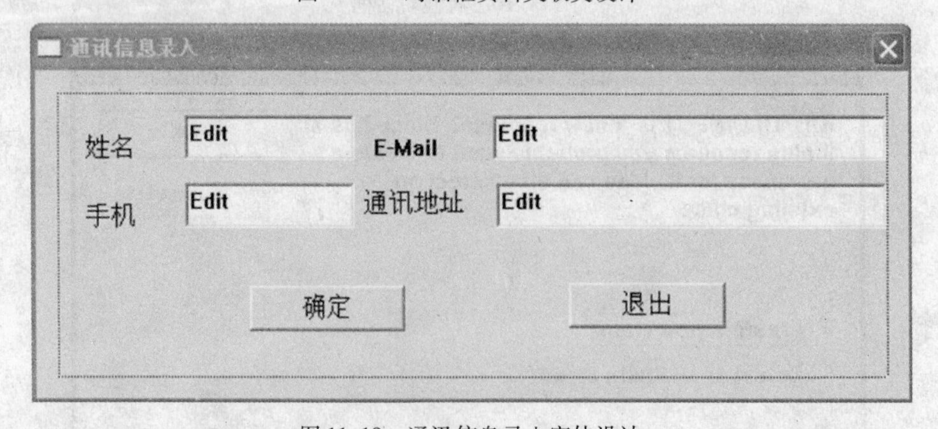

图 11.19 通讯信息录入窗体设计

(6)至此,完成了界面设计部分,开始编码工作。首先,实例以 TXT 文件作为存储介质,涉及 TXT 文件操作,采用 C++提供的文件操作类 ofstream、ifstream。因此,为项目文件添加#include "fstream. h"头文件。

(7)通讯录主窗体为控件 IDC _ CMBNAME、IDC _ LSTADDRESSINFO 建立变量关联,即将

这两个控件分别与 CExampleDlg 类的成员变量关联。首先,打开 ClassWizard 对话框,并单击 Member Variables 选项卡,在 Class name 下拉列表框中选择 CExampleDlg 类,在 Controls IDs 列表中选择 IDC _ CMBNAME 控件,单击右侧的 Add Variable 按钮,弹出 Add Member Variable 对话框,为控件 IDC _ CMBNAME 设计成员变量 m _ cmbselcetname,类型为 CString 如图 11.20 所示。同样,为控件 IDC _ CMBNAME 设计成员变量 m _ cmbname,类型为 CComboBox,如图 11.21 所示。最后,为控件 IDC _ LSTADDRESSINFO 添加 Control 类型成员变量 m _ lstaddressinfo 如图 11.22 所示。成员变量关联后,选项卡 Member Variables 如图 11.23 所示。

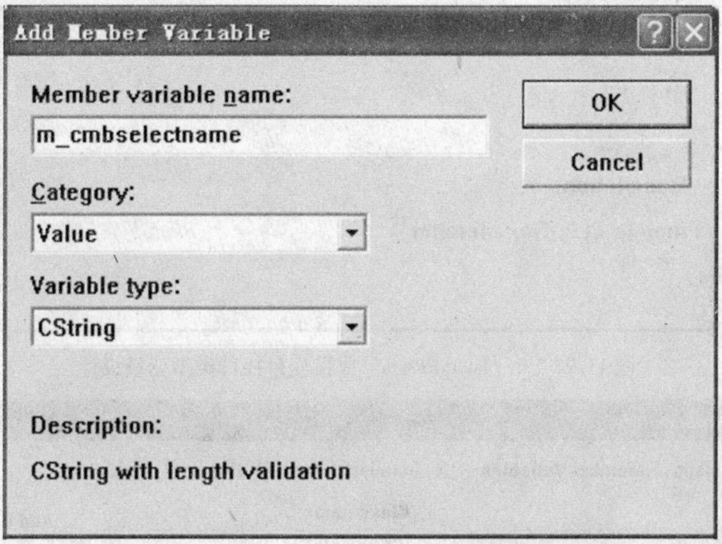

图 11.20　m _ cmbselcetname 成员变量值类型设计

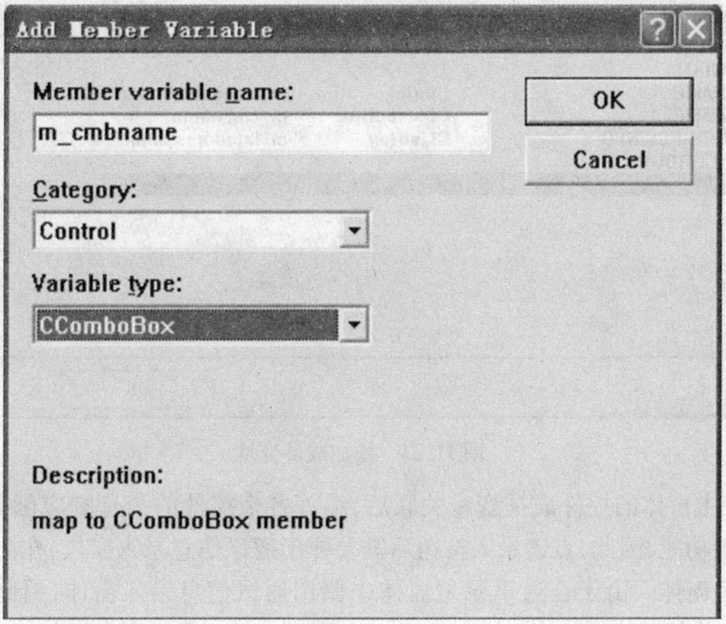

图 11.21　m _ cmbselcetname 成员变量控件类型设计

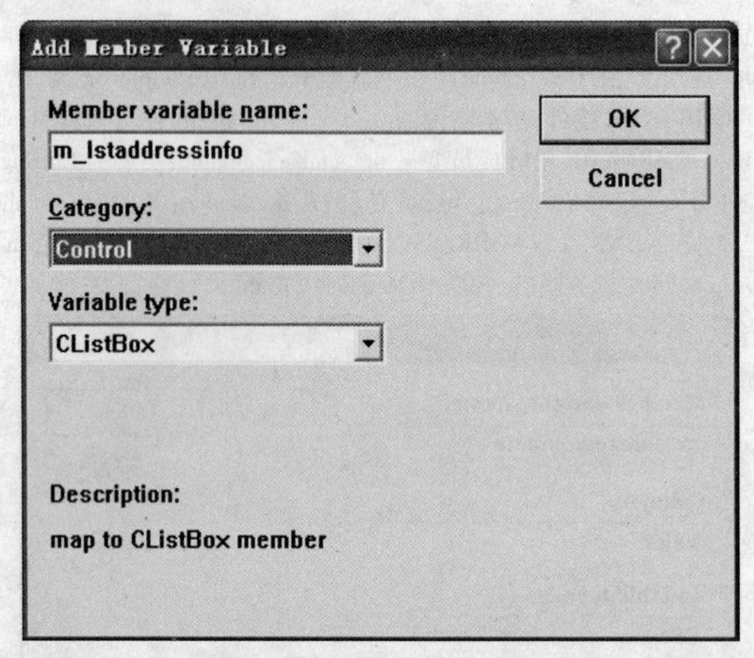

图 11.22 m _ lstaddressinfo 成员变量控件类型变量设计

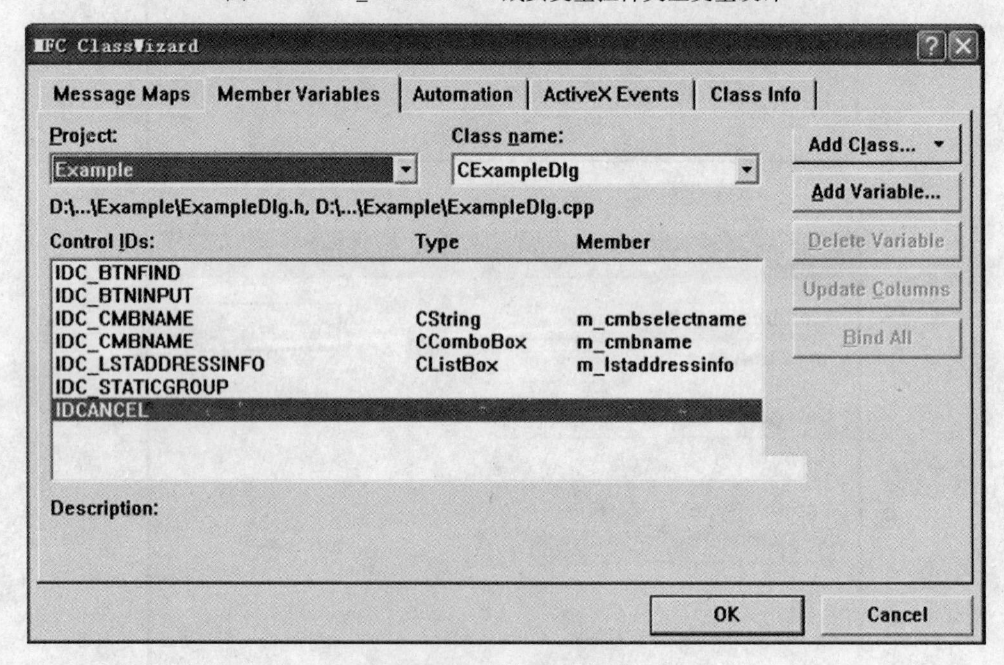

图 11.23 添加成员变量

(8)通讯录主窗体的控件成员变量关联后,编写各个控件的消息响应函数。录入按钮实现通讯信息录入功能,因此,点击录入按钮后需要弹出通讯信息录入窗体,在此,通讯信息录入窗体设计为模态窗体。由于在通讯录主窗体中调用通讯信息录入窗体,因此,需要在 ExampleDlg. cpp 文件前部添加#include "AddressListDLG. h"。双击录入按钮,弹出响应函数添加窗体如图 11.24 所示,点击确定,完成响应函数的添加,并且编写实现通讯信息录入窗体弹出的功能代码,具体如下。

运行时,单击录入按钮,弹出通讯信息录入窗体如图 11.25 所示。

```
void CExampleDlg::OnBtninput()
{
  // TODO: Add your control notification handler code here
  CAddressListDLG aldlg;
  try
  {
    aldlg.DoModal();
  }
  catch(char *errMsg)
  {
    MessageBox(errMsg);
    return ;
  }
}
```

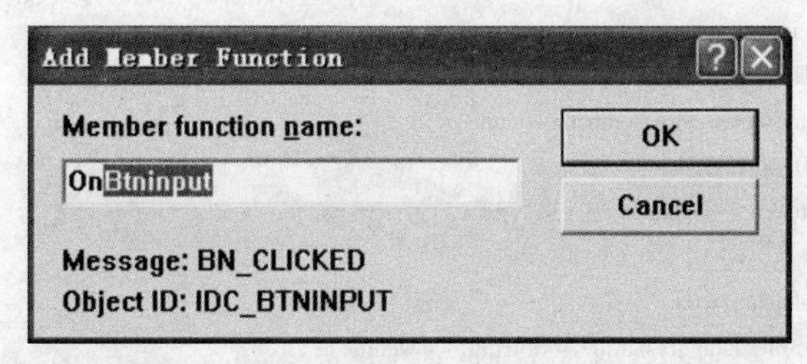

图 11.24　响应函数的添加

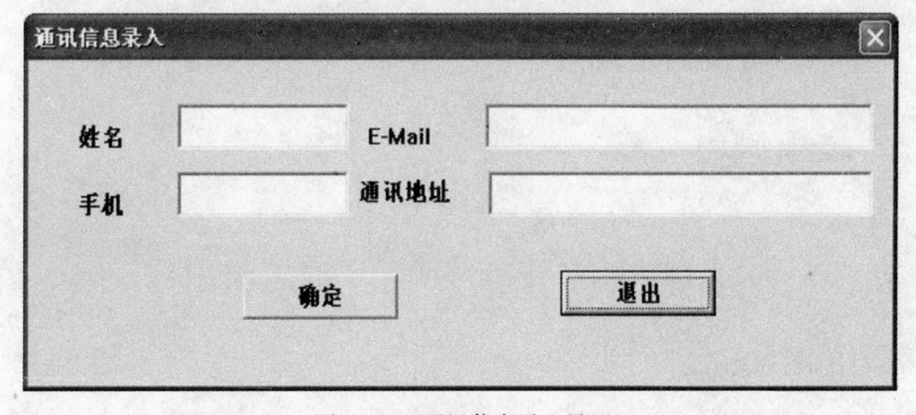

图 11.25　通讯信息录入界面

(9)查找按钮实现根据人名信息,查找通讯详细内容。同样添加消息响应函数,并且编写功能代码,下面给出消息函数的具体编码:

```
void CExampleDlg::OnBtnfind()
{
// TODO: Add your control notification handler code here
char  ch[100];
CString name;
```

```
CString showname;
ifstream readinfo;
try
{
  readinfo.open("addresslist.txt");
  memset(ch,0,100);
  this->m_lstaddressinfo.ResetContent();
  while(!readinfo.eof())
  {
  readinfo.getline(ch,100);
  showname=ch;
  int len=showname.Find("姓名:");
  if(len!=-1)
  {
    name=showname.Right(strlen(showname)-strlen("姓名:"));
    CString inputname;
    UpdateData();
    inputname=this->m_cmbselectname;
    UpdateData(FALSE);
    if(inputname==name)
    {
      int infocount=0;
      this->m_lstaddressinfo.AddString(showname);
      while(!readinfo.eof() && infocount<2)
      {
        readinfo.getline(ch,100);
        this->m_lstaddressinfo.AddString(ch);
        infocount++;
        }
      }
    }
  }
}
catch(char *errMsg)
{
  readinfo.close();
  MessageBox(errMsg);
  return ;
}
readinfo.close();
}
```

(10)控件 IDC_CMBNAME 的下拉列表需要保存通讯信息的人名,因此,在 OnDropDrown 响应函数添加如下代码,下面给出消息函数的具体编码。

```
void CExampleDlg::OnDropdownCmbname()
{
  // TODO: Add your control notification handler code here
  char  ch[100];
  CString name;
  CString showname;
  ifstream readinfo;
  try
  {
  readinfo.open("addresslist.txt");
  memset(ch,0,100);
  this->m_cmbname.ResetContent();
  while(! readinfo.eof())
  {
    readinfo.getline(ch,100);
    showname=ch;
    int len=showname.Find("姓名:");
    if(len! =-1)
    {
      name=showname.Right(strlen(showname)-strlen("姓名:"));
      this->m_cmbname.AddString(name);
    }
  }
}
catch(char *errMsg)
{
  readinfo.close();
  MessageBox(errMsg);
  return ;
}
readinfo.close();
}
```

(11)下面完成通讯信息录入窗体的代码编写，首先，通过 Class Wizard 为控件 IDC_EDTADDRESS、IDC_EDTEMAIL、IDC_EDTNAME、IDC_EDTPHONE 添加成员变量，具体设计如图 11.26 所示。

(12)为按钮 IDC_BTNINPUTOK 添加响应函数 OnBtninputok()，下面给出消息函数的具体编码。

```
void CAddressListDLG::OnBtninputok()
{
  // TODO: Add your control notification handler code here
  ofstream ofs;
  try
```

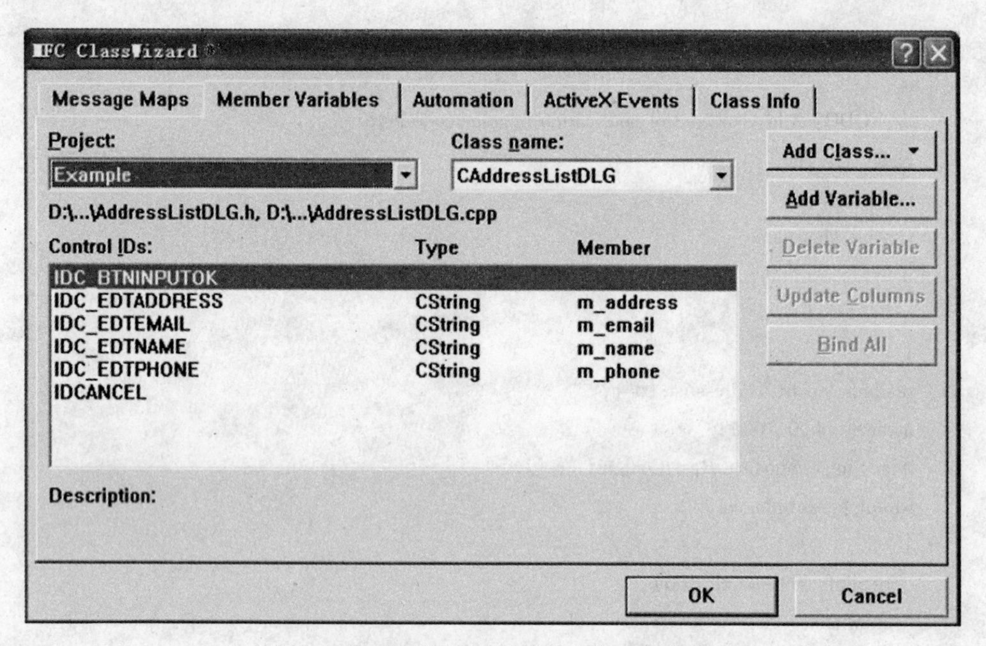

图 11.26 通讯信息窗体成员变量添加设计

```
    {
        ofs.open("addresslist.txt",ios::app);
        UpdateData();
        ofs<<"姓名:"+this->m_name<<endl;
        ofs<<"手机:"+this->m_phone<<endl;
        ofs<<"EMAIL:"+this->m_email<<endl;
        ofs<<"地址:"+this->m_address<<endl;
        UpdateData(FALSE);
        MessageBox("通讯信息录入成功!");
    }
    catch(char *errMsg)
    {
        ofs.close();
        MessageBox(errMsg);
        return ;
    }
    ofs.close();
}
```

(13)至此,完成了通讯录简单功能的设计与实现。能够实现基本的管理功能包括录入及查找,在主窗体姓名后的 Combo Box 控件内输入或者选择相应的人名,单击通讯录主窗体的查找按钮,则可以实现通讯信息的查找如图 11.27 所示。

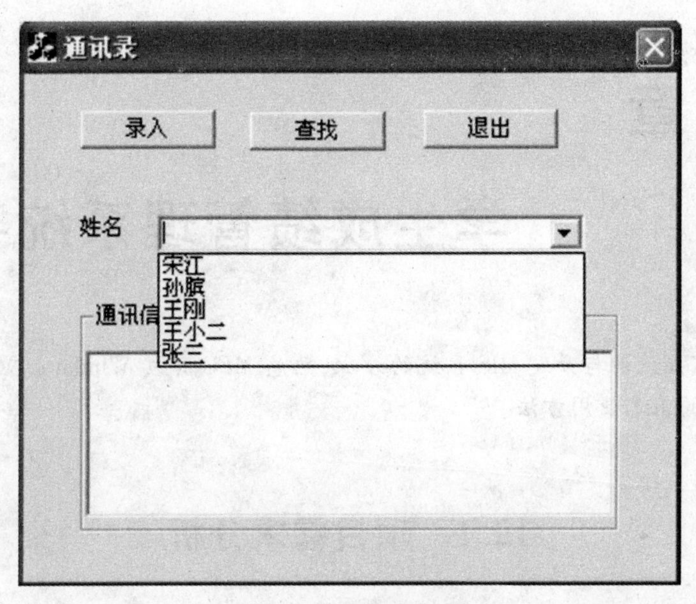

图 11.27　查找功能使用

小　结

Windows 系统是基于事件驱动的程序设计方法，Windows 应用程序最大的特点就是程序没有固定的流程，其本质上是面向对象的。使用 MFC 类库和 VC++提供的高度可视化的应用程序开发工具，可以明显降低应用程序的开发时间，所以必须熟悉它们。

上机实习题

上机调试 11.3 节的实例，读懂程序中的类、对象定义以及各成员函数的意义。

第12章

学生成绩管理系统实例

学习目标：掌握设计与开发 MIS 系统的步骤；熟悉 MFC 开发 Windows 应用程序的技巧和方法；熟悉 ADO 的基本使用方法。

12.1 项目需求分析

12.1.1 项目介绍

学生成绩管理系统是学校的一项重要工作，传统的记录与查询相关信息既浪费时间又浪费人力和物力。采用计算机对学生成绩进行管理可提高学生成绩管理的效率，实现学生成绩管理工作的系统化、规范化和自动化。因此，设计学生成绩管理系统有十分重要的意义。本章采用软件工程的思想对学生成绩管理系统进行分析与设计，并采用 ADO 技术开发实现。

12.1.2 需求分析

学生成绩管理系统的基本功能是对学生成绩进行处理，如数据的录入、增加、修改、删除以及查询功能等。作为一个完整的 MIS 系统，还应包括系统用户管理、课程管理、修课管理等，所以系统应实现以下几个方面的功能。

(1)教师和学生的基本信息管理。对学生和教师的基本信息，如 ID 号、姓名、密码等信息的录入、删除、修改以及查询。

(2)学生成绩管理。学生成绩的录入、修改。

(3)课程信息管理。课程的基本信息管理，包括课程录入、修改、删除和查询等。

(4)教师任课管理。为教师安排课程。

(5)学生选课管理。学生选课及相应的教师。

12.1.3 技术可行性

学生成绩管理系统主要涉及一个关键技术，即是对数据库进行操作。ADO(ActiveX Data Object)技术是数据库的访问技术之一，本系统将采用 ADO 技术对数据库进行各种操作。

12.2　系统的设计

12.2.1　系统功能框架

根据 12.1 节的需求分析,可以设计学生成绩管理系统的功能架构图,如图 12.1 图所示。

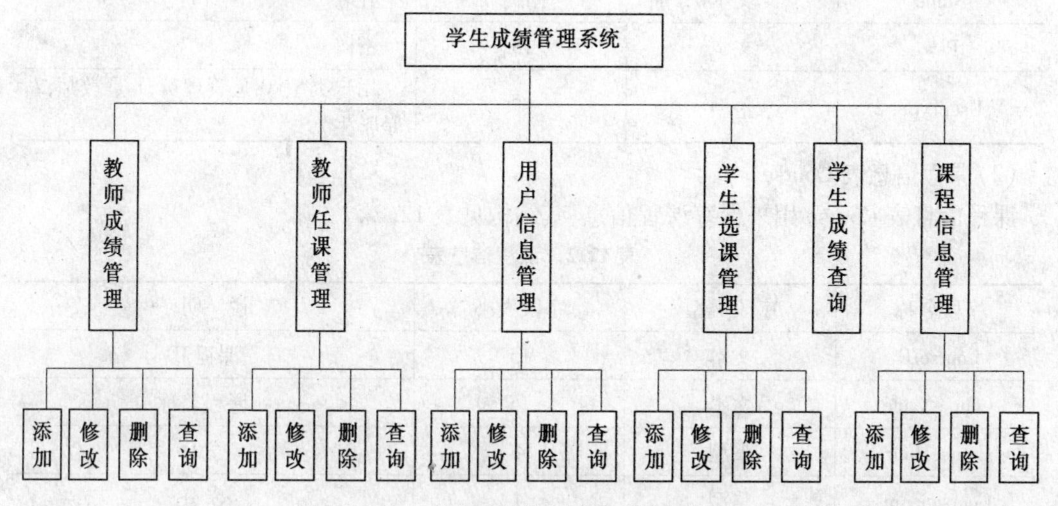

图 12.1　学生成绩管理系统功能架构图

12.2.2　各模块的功能

(1)用户信息管理:完成教师、学生和管理员的添加、修改、删除和查询功能。

(2)教师任课管理:给教师安排课程,可进行信息的添加、修改、删除和查询功能。

(3)课程信息管理:课程的基本信息管理,进行课程的添加、修改、删除和查询的功能。

(4)教师成绩管理:教师所任课程的成绩录入、修改和查询的功能。

(5)学生选课管理:学生选择课程,可进行选课信息的添加、修改、删除和查询的功能。

(6)学生成绩查询:学生查询自己的各科成绩。

12.2.3　数据库的设计

1. 系统所需要的数据表

根据系统分析,可以列出系统需要的以下数据表。

(1)用户信息表,包括用户 ID、用户名、密码、用户类型(管理员/教师/学生)。

(2)课程信息表,包括课程名称、课程 ID、学分、学时、课程类别。

(3)教师任课表,包括教师 ID、课程 ID。

(4)学生成绩表(包括学生选课),包括学生 ID、课程 ID、平时成绩、期末成绩、综合成绩、备注。

2. 数据表的逻辑结构设计与实现

可用 Mcrosoft Office Access 来创建一个数据库 student. mdb,对应的数据表的设计如下:

(1)用户信息表 Userlist

用户基本信息表 Userlist 用来保存系统各用户的基本信息,其结构见表 12.1。

表 12.1 用户基本信息表

字段名称	字段类型	字段大小	说 明
ID	文本	15	用户 ID
Name	文本	15	姓名
Psw	文本	15	密码
UserType	整型	4	用户类型(0 是管理员,1 是教师,2 是学生)

(2)课程信息表 Course

课程信息表 Course 用来保存课程信息,其结构见表 12.2。

表 12.2 课程信息表

字段名称	字段类型	字段大小	说 明
CourseID	文本	15	课程 ID
CourseName	文本	15	课程名称
CourseHour	整型	4	学时
CourseScore	整型	4	学分
CourseType	文本	10	课程类型(选修、必修、基础)

(3)学生成绩表 StudentScore

学生成绩表 StudentScore 保存学生的各科成绩,其结构见表 12.3。

表 12.3 学生成绩表

字段名称	字段类型	字段大小	说 明
Sequence	自动编号		
StudentID	文本	15	学生 ID
CourseID	文本	15	课程 ID
UsualScore	整数	4	学生平时成绩
TestScore	整数	4	学生期末成绩
TotalScore	整数	4	总评
Memo	文本	20	

(4)教师任课表 TeacherCourse

教师任课表 TeacherCourse 保存教师所教授的课程,其结构见表 12.4。

表 12.4 教师任课表

字段名称	字段类型	字段大小	说 明
Sequence	自动编号		
TeacherID	文本	15	
CourseID	文本	15	

本系统数据库的物理实现采用 Access2003 创建数据库，数据库的名称为 Student. mdb。

12.2.4　开发及运行环境

系统开发平台：Microsoft Visual C++6.0。

数据库管理系统：Access 2003。

运行平台：Windows XP/Windows 2000/Windows 2003

12.2.5　ADO 技术简介

1. ADO 对象模型

ADO 对象模型提供了 7 种对象和 4 种集合。7 种对象为：

(1) Connection 对象。用于数据库的连接，通过连接可以从应用程序中访问数据源。

(2) Command。通过向已建立的数据库连接发出命令，对数据库进行操作，如查询、修改数据等的操作。

(3) Recordset。用于处理数据源的表格集，它是在表中修改、检索数据的最主要的方法。

(4) Field。描述数据集中的列信息。

(5) Parameter。用于对传递给数据源的命令赋参数值。

(6) Error。用于承载所产生错误的详细信息。

(7) Property。每个 ADO 对象都有一组属性，来描述和控制对象的行为。

其中前 3 个对象最常使用。然而在 MFC 中没有对应的类，但 VC 提供了 3 个智能指针对象，方便了使用它们。

4 种集合为：

(1) Connection 对象具有 Error 集合。

(2) Command 对象具有 Parameter 集合。

(3) Recordset 对象具有 Fields 集合。

(4) Connection、Command、Recordset、Field 对象都具有 Property 集合。

2. 两个有用的类——_ bstr _ t 和_ variant _ t

COM 编程不使用 CString 类来处理字符串和其他类型。ADO 中引入了_ variant _ t 类，封装了 VARIANT 类，来代替字符串和其他类型。同样_ bstr _ t 类是对 BSTR 数据类型进行了封装，处理字符串类型。

3. 使用 ADO 的步骤和方法

(1) 引入 ADO 库

在 Visual C++中使用 ADO 开发数据库之前，需要引入 ADO 库。在 StdAfx. h 文件末尾处引入 ADO 库文件，方法如下：

```
#import "c:\program files\common files\system\ado\msado15.dll" no_namespace rename("EOF","adoEOF") rename("BOF","adoBOF")
```

(2) 用 Connection 对象连接数据库

首先必须为应用程序初始化 COM 环境。通过调用 CoInitialize(NULL)；实现。

当完成所有 ADO 操作时，还要调用 CoUnInitialize()；实现关闭 COM 环境。

接下来需要定义软件对象 Connection。定义一个_ ConnectionPtr 类型对象,然后调用 CreateInstance 方法实例化,再使用 Open 方法创建与数据库的连接。还要注意的是,在进行数据库操作时,一定要使用 try 和 catch 处理异常,捕捉_ com _ error 异常。

如本系统连接当前目录下的 Access 2003 的数据库 Student. mdb,方法如下。

```
::CoInitialize(NULL);
_ConnectionPtr m_pConnection;
m_pConnection.CreateInstance("ADODB.Connection");
try{
  _bstr_t strConnect ="Provider=Microsoft.Jet.OLEDB.4.0;Data Source=student.mdb";
  m_pConnection->Open(strConnect,"","",adModeUnknown);
}
catch(_com_error e){
  AfxMessageBox(e.ErrorMessage());}
```

(3)利用 3 个基本类::_ ConnectionPtr、_ CommandPtr 和_ RecordsetPtr 类,对已连接的数据库进行记录的查询、处理等操作。_ ConnectionPtr 接口返回一个记录集或一个空指针。通常使用它来创建一个数据连接或执行一条不返回任何结果的 SQL 语句,如一个存储过程。_ CommandPtr 接口返回一个记录集。它提供了一种简单的方法来执行返回记录集的存储过程和 SQL 语句。_ RecordsetPtr 是一个记录集对象,与以上两种对象相比,它对记录集提供了更多的控制功能,如记录锁定,游标控制等。学生成绩管理系统相对比较简单,利用_ ConnectionPtr 和_ RecordsetPtr 类的对象就可以完成相应的功能。

①利用_ ConnectionPtr 类的对象执行一条 SQL 语句。

例如:向已连接的数据库中的 userlist 插入一条记录。

```
_bstr_t strSQL="insert into userlist values('04001','洪七公','123',1)";
m_pConnection->Execute(strSQL,NULL,adCmdText);
```

②利用_ RecordsetPtr 类的对象返回记录集。

例如:查询已连接的数据库中的 userlist 所有记录。

```
_bstr_t strSQL="select * from userlist";
_RecordsetPtr m_pRecordset;
m_pRecordset.CreateInstance(__uuidof(Recordset));
m_pRecordset->Open(bstrSQL,m_pConnection.GetInterfacePtr(),adOpenDynamic,adLockOptimistic,adCmdText);
```

(4)处理完毕后关闭连接,释放对象。

```
m_pRecordset->Close();
m_pConnection->Close();
::CoUninitialize();
```

12.3 系统的实现

本系统采用基于 MFC 对话框的应用程序框架,由 8 个基本的对话框,不同用户登录后,根据用户权限的不同,为其指定相应的主对话框。项目名称为 Studentcjgl。

12.3.1　数据库处理类的设计

为了方便对数据库连接的统一控制和对异常的捕捉,将 ADO 封装到类 CADOConn 中,用于连接数据源,执行 SQL 命令。这种方法是面向对象程序设计的特点,也是在实际开发过程中经常使用的方法。类 CADOConn 的定义如下:

```
class CADOConn
{
public:
  _RecordsetPtr m_pRecordset;//记录集指针
  _ConnectionPtr m_pConnection;//数据库连接指针
public:
  CADOConn();
  virtual ~CADOConn();
  void OnInitADOConn();
  _RecordsetPtr& GetRecordset(_bstr_t bstrSQL);
  BOOL ExecuteSQL(_bstr_t strSQL);
  void ExitConnect();
};
void CADOConn::OnInitADOConn()//初始化数据库连接
{
  ::CoInitialize(NULL);
  try{
    m_pConnection.CreateInstance("ADODB.Connection");
  _bstr_t strConnect ="Provider=Microsoft.Jet.OLEDB.4.0;Data Source=student.mdb";
  //数据连接字符串
  m_pConnection->Open(strConnect,"","",adModeUnknown);
  //打开连接
  }
  catch(_com_error e)
  {
    AfxMessageBox("数据库连接失败,确认数据库信息是否正确");
  }}
}
void CADOConn::ExitConnect()//关闭数据库连接
{
  if(m_pRecordset! =NULL)
    m_pRecordset->Close();
  m_pConnection->Close();
  ::CoUninitialize();
}
_RecordsetPtr& CADOConn::GetRecordset(_bstr_t bstrSQL)
//返回 bstrSQL 的 SQL 语句的数据集
```

```
    {
        try{
            if(m_pConnection==NULL)
                OnInitADOConn();
            m_pRecordset.CreateInstance(__uuidof(Recordset));
            m_pRecordset->Open (bstrSQL,m_pConnection.GetInterfacePtr(),adOpenDynamic,adLockOptimistic,adCmdText);
        }
        catch(_com_error e)
        {
            AfxMessageBox("记录打开失败!");
        }
        return m_pRecordset;
    }
    BOOL CADOConn::ExecuteSQL(_bstr_t strSQL)//执行 strSQL 的 SQL 语句
    {
    try{
        if(m_pConnection==NULL)
            OnInitADOConn();
        m_pConnection->Execute(strSQL,NULL,adCmdText);
        return true;
    }
    catch(_com_error e)
    {
        AfxMessageBox("不能打开记录集!");
        return false;
    }
    }
```

12.3.2 系统登录对话框的设计

系统登录对话框的主要功能是对用户进行身份的验证,并根据不同的用户和权限打开不同的对话框。系统运行时首先出现登录窗口,要求用户输入用户 ID 和密码,单击“登录”按钮时对用户进行身份验证。系统登录窗口如图 12.2 所示。

设计过程先建立 MFC AppWizard(exe)工程,然后将数据处理 CADOConn 类添加到工程文件中。

设计步聚如下:

(1)单击“file|New”选项,新建 MFC AppWizard(exe)工程,项目名称为 studentcjgl,单击“OK”按钮。

(2)在“MFC AppWizard-Step 1”对话框中选择“Dialog Based”选项。用来表明要建立一个对话框模式的应用程序。单击“Next>”按钮。

(3)在“MFC AppWizard-Step 2 of 4”对话框的“Please enter a title for your dialog”文本框中

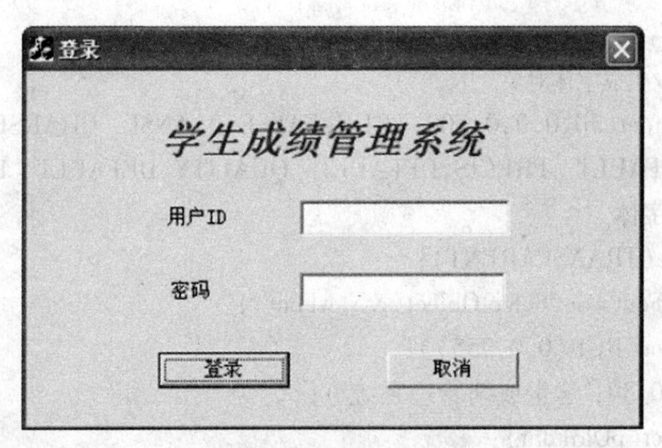

图 12.2　系统登录窗口

输入“登录”,将窗口的标题设置为“登录”,单击“Next>”按钮。

(4)单击“MFC AppWizard-Step 3 of 4”对话框中“Next>”按钮。

(5)单击“MFC AppWizard-Step 4 of 4”对话框的列表中的“CstudentxjglDlg”,将“Class name”改为“CloginDlg”,“Header File”改为 LoginDlg. h,将“Implementation file”改为 LoginDlg. cpp,单击“Finish”按扭。出现一个对话框,再单击“OK”按钮。

(6)将数据处理 CADOConn 类添加到工程文件中。

(7)在对话框中添加资源,界面如图 12.2 所示。其中,“学生成绩管理系统”的字比较特殊,是在 WM _ PAINT 消息处理函数中加入代码实现的,不用在对话框中添加。对话框中主要控件属性和对应的成员变量见表 12.5。单击 View 菜单的 Class Wizard 选项,打开 MFC Class Wizard”对话框,在“Member Variables”选项卡中添加对应的成员变量。

表 12.5　登录对话框属性

控　件	ID	Caption	连接变量及类型	说　明
编辑框	IDC _ USERID		m _ UserID(CString)	用户 ID
编辑框	IDC _ PSW		m _ Passward(CString)	用户密码
命令按钮	IDOK	登录		登录按钮
命令按钮	IDCANCEL	取消		取消按钮

(8)利用“MFC Class Wizard”对话框中的“Message Maps”选项卡,为 CLoginDlg 类添加消息处理函数,见表 12.6。

表 12.6　CloginDlg 类的消息函数

对象 ID	消　息	函　数
CloginDlg	WM _ PAINT	OnPaint( )
IDOK	BN _ CLICKED	OnOK( )

(9)在 LoginDlg. cpp 文件头加入“#include "ADOConn. h"”,以便进行数据处理,以后工程文件中其他类中也涉及到数据处理,也要在对应的 cpp 文件中加入同样的代码。

(10)在 OnPaint( )函数中加入处理文本“学生成绩管理系统”的代码。

```
void CLoginDlg::OnPaint()
{
```

```
    CPaintDC dc(this);
    CFont NewFont;//生成字体对象
   NewFont.CreateFont(30,0,0,0,700,TRUE,FALSE,0,ANSI_CHARSET,OUT_DEFAULT
_PRECIS,CLIP_DEFAULT_PRECIS,DEFAULT_QUALITY,DEFAULT_PITCH|FF_SWISS,"
楷体");//生成新的字体
    dc.SetBkMode(TRANSPARENT);
    CFont *pOldFont=dc.SelectObject(&NewFont);
    dc.SetTextColor(RGB(0,0,255));
    dc.TextOut(90,30,"学生成绩管理系统");
    dc.SelectObject(pOldFont);
}
```

(11)"登录"的处理,在 OnOK()函数中添加如下代码:

```
void CLoginDlg::OnOK()
{
    UpdateData();
    CADOConn cadoconn;
    cadoconn.OnInitADOConn();
    if(m_UserID=="") {MessageBox("请输入 ID 号!");return;}
    if(m_Passward=="") {MessageBox("请输入密码!");return;}
  _bstr_t strSQL="select Name,id,psw,usertype from userlist where id='"+m_UserID+
    "' and psw ='"+m_Passward+"'";
    _RecordsetPtr LoginSet;
    LoginSet=cadoconn.GetRecordset(strSQL);
    if(LoginSet->adoEOF)//如何为空,用户名或密码错误
    {
    MessageBox("用户名或密码错误!");
    return;
    }
    _variant_t theValue;
    theValue=LoginSet->Fields->GetItem("id")->GetValue();//获取 ID
    if(theValue.vt! =VT_NULL)
      m_UserID=(char *)_bstr_t(theValue);
    theValue=LoginSet->Fields->GetItem("usertype")->GetValue();//获取用户类型
    if(theValue.vt! =VT_NULL)
      m_UserType=(char *)_bstr_t(theValue);
    theValue=LoginSet->Fields->GetItem("name")->GetValue();//获取用户名
    if(theValue.vt! =VT_NULL)
      m_UserName=(char *)_bstr_t(theValue);
    EndDialog(IDOK);//登录成功,结束对话框
    cadoconn.ExitConnect ();
    CDialog::OnOK();
}
```

12.3.3　管理员界面的实现

管理员权限负责教师和学生的信息管理、课程管理、教师任课信息管理和学生选课信息管理。基于此,设计一个具有选项卡功能的对话框,每一个选项卡完成不同的管理功能。设计思路,首先要先创建一个主界面对话框,在对话框上添加“Tab control”控件。接下来设计 4 个子对话框,“Style”选择“Child”选项,“Border”选择“None”选项,每一个对话框对应一个管理功能。然后再将 4 个子对话框添加到主界面对话框中“Tab control”控件上。

1. 管理员主界面设计

操作步骤如下:

(1)单击 Insert|Resource 命令或按下 Ctrl+R 组合键,打开 Insert Resource 对话框,如图 12.3 所示。选择“Resource type”列表框中的 Dialog 选项,单击 New,生成一个新的对话框。

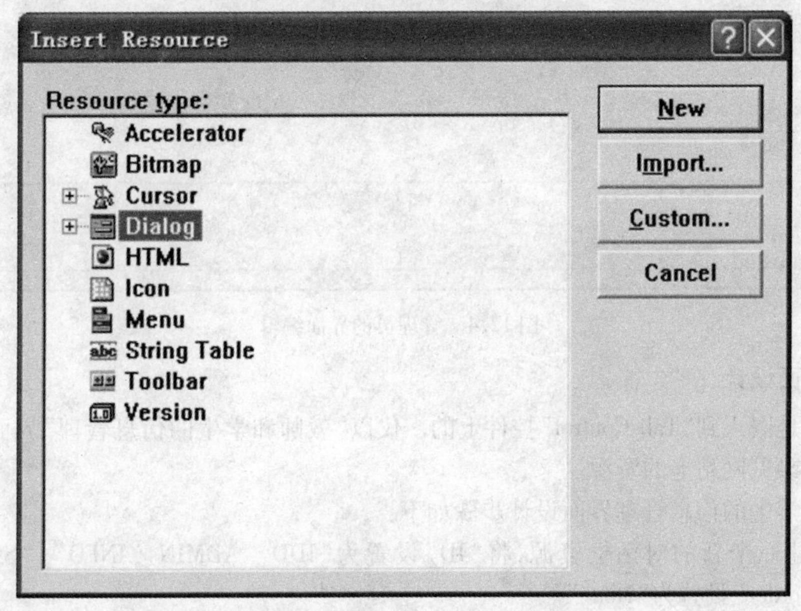

图 12.3　Insert Resource 对话框

(2)将窗口标题设置为“管理员”,调整好对话框的大小,在对话框上添加一个“Tab Control”控件,“ID”设置为“IDC_TAB1”。删除“OK”按钮,将“Cancel”按钮的“Caption”改为“退出”。调整控件位置和大小,如图 12.4 所示。

(3)利用类向导“ClassWizard”为该对话框资源创建一个新类“AdminDlg”。

(4)添加消息处理函数。为对话框添加消息处理函数,消息及对应的函数见表 12.6。

表 12.6　CloginDlg 类的消息函数

对象 ID	消　息	函　数
IDCANCEL	BM_CLICK	OnCancel()
AdminDlg	ON_WM_INITDIALOG	OnInitDialog()
IDC_TAB1	TCN_SELCHANGE	OnSelchangeTab1()

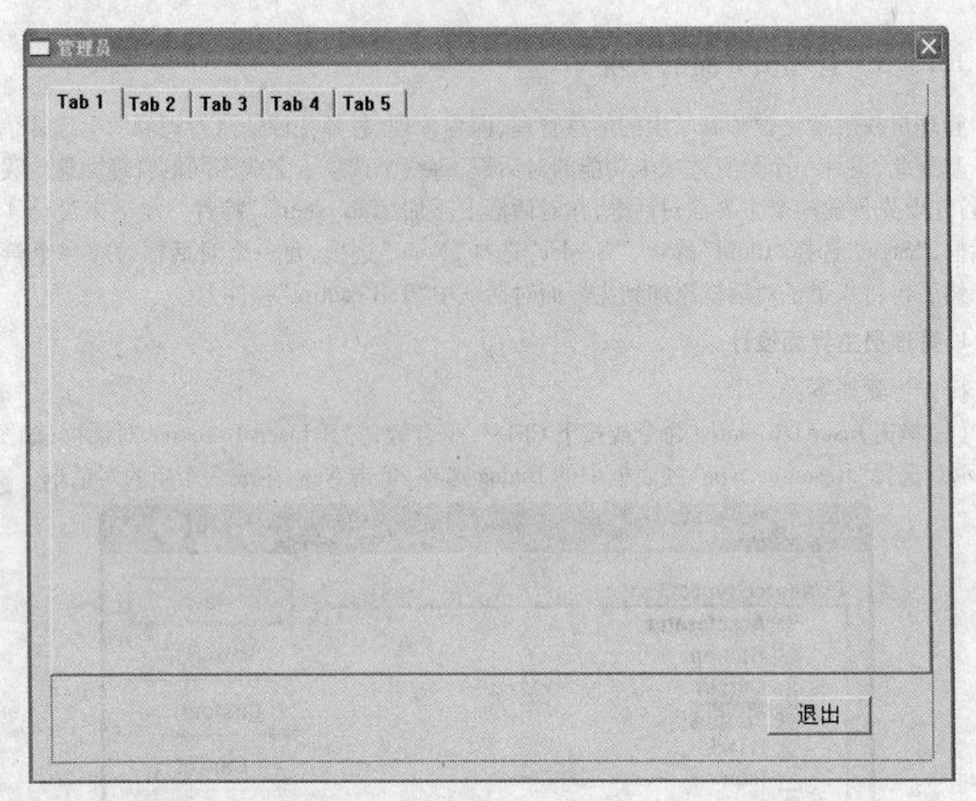

图 12.4 管理员的界面编辑

2. 子界面设计

子界面是嵌入到“Tab Control”控件上的。仅以“教师和学生的信息管理”界面为例,其他的几个界面参见网站上的资源。

教师和学生的信息管理界面设计步骤如下:

(1)新建一个新的对话框资源,将“ID”设置为“IDD _ ADMIN _ INFO”,“Style”设置为“Child”,“Border”设置为“None”。

(2)利用类向导“ClassWizard”为该对话框资源创建一个新类“AmindInfo”。在对话框中添加控件并设置相应的属性和对应的成员变量,界面如图 12.5 所示,控件和成员变量对应关系如表 12.7 所示。

表 12.7 用户管理界面中控件的设置

控件	ID	Caption	连接变量及类型	说 明
列表框	IDC _ LIST _ INFO		m _ List(CListCtrl)	数据列表
编辑框	IDC _ ID		m _ ID(CString)	用户 ID
编辑框	IDC _ NAME		m _ Name(CString)	姓名
编辑框	IDC _ PSW		m _ Psw(CString)	密码
编辑框	IDC _ FIND _ EDIT		m _ Find(CString)	查找字符串
下拉列表框	IDC _ TYPE _ COMBO		m _ Type(CString)	用户类型

续表 12.7

控件	ID	Caption	连接变量及类型	说　明
下拉列表框	IDC_COMBO_TYPE		m_FindType(CString)	查找类别
命令按钮	IDC_QUERY_BUTTON	查询		查询按钮
命令按钮	IDC_ADD_BUTTON	添加		添加按钮
命令按钮	IDC_CHAGE_BUTTON	修改		修改按钮
命令按钮	IDC_DELETE_BUTTON	删除		删除按钮

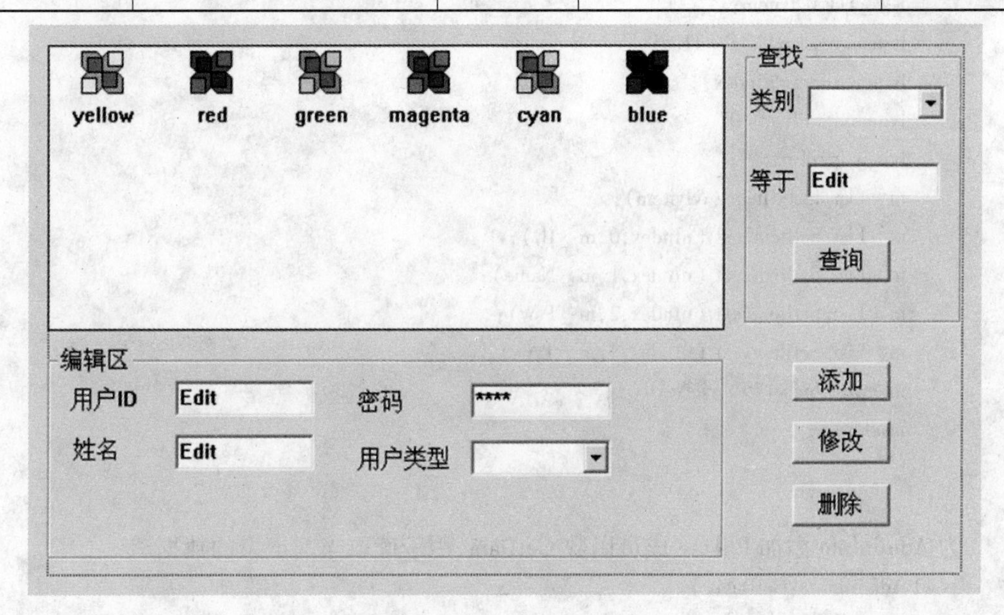

图 12.5　用户管理界面编辑

(3)添加消息处理函数

为对话框添加消息处理函数,对应关系见表 12.8。

表 12.8　AmindInfo 类的消息函数

对象 ID	消　息	函　数
AdminInfo	ON_WM_INITDIALOG	OnInitDialog()
IDC_QUERY_BUTTON	BN_CLICKED	OnQueryButton()
IDC_ADD_BUTTON	BN_CLICKED	OnAddButton()
IDC_CHAGE_BUTTON	BN_CLICKED	OnChageButton()
IDC_DELETE_BUTTON	BN_CLICKED	OnDeleteButton()
IDC_LIST_INFO	NM_CLICK	OnClickListInfo()

(4)添加成员函数

在 AdminInfo.cpp 中加入头文件"CADOConn.h",这样就可以使用数据库类进行数据的操作了。

①为 AdminInfo 添加 Private 成员函数 ListAll,用于显示 ListControl 中的内容。

```
void AdminInfo::ListAll()
{
  m_List.DeleteAllItems ();
  int  nIndex=0;
  m_pRecordset->MoveFirst ();
  while(! m_pRecordset->adoEOF)
  {
    GetData();
    LV_ITEM lvitem;
    lvitem.mask=LVIF_TEXT;
    lvitem.iItem=nIndex;
    lvitem.iSubItem=0;
    lvitem.pszText="";
    m_List.InsertItem (&lvitem);
    m_List.SetItemText (nIndex,0,m_ID);
    m_List.SetItemText (nIndex,1,m_Name);
    m_List.SetItemText (nIndex,2,m_Psw);
    m_List.SetItemText (nIndex,3,m_Type);
    m_pRecordset->MoveNext ();
    nIndex++;
  }
}
```

②为 AdminInfo 添加 Private 成员函数 GetData,用于读取当前记录的数据。

```
void AdminInfo::GetData()
{
  CString str;
  m_ID=(LPCTSTR)(_bstr_t)m_pRecordset->GetCollect ("id");
  m_Name=(LPCTSTR)(_bstr_t)m_pRecordset->GetCollect ("name");
  m_Psw=(LPCTSTR)(_bstr_t)m_pRecordset->GetCollect ("psw");
  str=(LPCTSTR)(_bstr_t)m_pRecordset->GetCollect ("usertype");
  if(str=="0")
    m_Type="管理员";
  else if(str=="1")
    m_Type="教师";
  else
    m_Type="学生";
}
```

(5)为 AdminInfo 对话框中的各消息处理函数添加代码

①对话框 AdminInfo 类的初始化函数 OnInitDialog(),在这个函数里主要完成读入数据库的数据,进行各控件的初始化工作。代码如下:

```
BOOL AdminInfo::OnInitDialog()
{
```

```
    CDialog::OnInitDialog();
    DWORD dwExStyle = LVS_EX_FULLROWSELECT|LVS_EX_GRIDLINES|LVS_EX_ONE-
    CLICKACTIVATE;
    m_List.ModifyStyle(0,LVS_REPORT|LVS_SINGLESEL|LVS_SHOWSELALWAYS);
    m_List.SetExtendedStyle (dwExStyle);
    //初始化列表,设定宽度
    m_List.InsertColumn (0,"用户 ID",LVCFMT_CENTER,100,0);
    m_List.InsertColumn (1,"姓名",LVCFMT_CENTER,100,0);
    m_List.InsertColumn (2,"密码",LVCFMT_CENTER,100,0);
    m_List.InsertColumn (3,"用户类型",LVCFMT_CENTER,100,0);

    m_AdoConn.OnInitADOConn();
    _bstr_t strSQL="select id,psw,name,usertype from userlist where usertype<>0";
    m_pRecordset=m_AdoConn.GetRecordset (strSQL);

    if(! m_pRecordset->adoEOF)
    {
      ListAll();
      m_pRecordset->MoveFirst ();
      GetData();
      m_pRecordset->Close ();
    }
    UpdateData(false);
    return TRUE;
}
```

②添加按钮的消息处理函数 OnAddButton 代码如下：

```
void AdminInfo::OnAddButton()
{
    // TODO: Add your control notification handler code here
    UpdateData();
    CString str;
    if(m_Type==""||m_Name==""||m_ID==""||m_Psw=="")
    { MessageBox("有数据为空,不符合要求,重新输入");return;}

    if(m_Type=="管理员")str="0";
    else if(m_Type=="教师")str="1";
    else str="2";

    _bstr_t vSQL="insert into userlist values('"+m_ID+"','"+m_Name+"','"+m_Psw+"',"+str+")";
    m_AdoConn.ExecuteSQL (vSQL);
    _bstr_t strSQL="select * from userlist where usertype<>0";
    m_pRecordset=m_AdoConn.GetRecordset (strSQL);
```

```
    ListAll();
    m_pRecordset->Close();
    }
```

③修改按钮的消息处理函数 OnChageButton 代码如下：

```
void AdminInfo::OnChageButton()
{
    // TODO: Add your control notification handler code here
    UpdateData();
    CString str;
    if(m_Type=="管理员")str="0";
    else if(m_Type=="教师")str="1";
    else str="2";

    _bstr_t vSQL="update userlist set name='"+m_Name+
      "',psw='"+m_Psw+"',usertype='"+str+"' where id='"+
      m_ID+"'";

    m_AdoConn.ExecuteSQL(vSQL);
    _bstr_t strSQL="select * from userlist where usertype<>0";
    m_pRecordset=m_AdoConn.GetRecordset(strSQL);

    ListAll();
    m_pRecordset->Close();

}
```

④删除按钮的消息处理函数 OnDeleteButton 的代码如下：

```
void AdminInfo::OnDeleteButton()
{
// TODO: Add your control notification handler code here
    UpdateData();
    if(MessageBox("是否删除当前用户信息","请确认",MB_YESNO)==IDYES)
    {
      _bstr_t vSQL="delete from userlist where id='"+m_ID+"'";
      m_AdoConn.ExecuteSQL(vSQL);

      RefreshData();
      _bstr_t strSQL="select * from userlist where usertype<>0";
      m_pRecordset=m_AdoConn.GetRecordset(strSQL);
      if(m_pRecordset->adoEOF)
      return;
      ListAll();
      m_pRecordset->Close();
    }
```

```
}
```

为AdminInfo对话框类添加RefreshData，用于刷新数据，代码如下：

```
void AdminInfo::RefreshData()
{
    m_ID="";
    m_Name="";
    m_Psw="";
    m_Type="";
    m_List.DeleteAllItems();
    UpdateData(false);
}
```

⑤查询按钮的消息函数OnQueryButton代码如下：

```
void AdminInfo::OnQueryButton()
{
    // TODO: Add your control notification handler code here
    UpdateData();
    if(m_FIND.Compare("")==0)
    {
        MessageBox("查询的内容不能为空!");return;
    }
    CString strField,str;
    if(m_FindType=="姓名")
        strField="name";
    if(m_FindType=="用户 ID")
        strField="ID";

    _bstr_t strSQL="select * from userlist where "+strField+
        "='"+m_FIND+"' and usertype<>0";
    m_pRecordset=m_AdoConn.GetRecordset(strSQL);
    if(m_pRecordset->adoEOF)
    {
        MessageBox("无此记录");return;
    }
    else
    {
        m_pRecordset->MoveFirst();
        GetData();
        UpdateData(false);
        ListAll();
        m_pRecordset->Close();
    }
}
```

⑥ List Control控件的消息函数OnClickListInfo的代码如下：

```
void AdminInfo::OnClickListInfo(NMHDR * pNMHDR, LRESULT * pResult)
{
  int nItem=m_List.GetNextItem (-1,LVNI_SELECTED);
  if(nItem! =-1)
  {
    m_ID=m_List.GetItemText (nItem,0);
    m_Name=m_List.GetItemText (nItem,1);
    m_Psw=m_List.GetItemText (nItem,2);
    m_Type=m_List.GetItemText (nItem,3);
  }
  UpdateData(false);
  *pResult = 0;
}
```

另外的3个子界面的实现过程基本相同,具体的消息函数代码有些差别,不再赘述,请到网上下载相关资料。这3个对话框对应的类分别为:AdminCourse,AdminTeasel和AdminStusel,分别对应的模块为课程管理,教师任课管理和学生选课管理。

(6)为AdminDlg对话框中的消息函数添加代码

① 在OnInitDialog函数中加入代码,初始化界面。

```
BOOL AdminDlg::OnInitDialog()
{
  CDialog::OnInitDialog();

  // TODO: Add extra initialization here
  m_tab.InsertItem(0,"用户信息管理");   //添加第一个选项卡名称
  m_tab.InsertItem(1,"课程管理");       //添加第二个选项卡名称
  m_tab.InsertItem(2,"学生选课管理");   //添加第三个选项卡名称
  m_tab.InsertItem(3,"教师任课管理");   //添加第四个选项卡名称

  admininfo.Create(IDD_ADMIN_INFO,GetDlgItem(IDC_TAB1));
  admincourse.Create (IDD_ADMIN_COURSE,GetDlgItem(IDC_TAB1));
  adminstusel.Create (IDD_ADMIN_STUSEL,GetDlgItem(IDC_TAB1));
  adminteasel.Create (IDD_ADMIN_TEASEL,GetDlgItem(IDC_TAB1));

  CRect rs;
  m_tab.GetClientRect(&rs);
  //调整子对话框在父窗口中的位置
  rs.top+=20;
  rs.bottom-=10;
  rs.left+=1;
  rs.right-=2;

  //设置子对话框尺寸并移动到指定位置
```

```
    admininfo. MoveWindow( &rs) ;
    admincourse. MoveWindow ( &rs) ;
    adminstusel. MoveWindow ( &rs) ;
    adminteasel. MoveWindow ( &rs) ;
    //分别设置隐藏和显示
    admininfo. ShowWindow( true) ;
    admincourse. ShowWindow ( false) ;
    adminstusel. ShowWindow ( false) ;
    adminteasel. ShowWindow( false) ;
    //设置默认的选项卡
    m _ tab. SetCurSel(0) ;
    return TRUE;  // return TRUE unless you set the focus to a control
                  // EXCEPTION: OCX Property Pages should return FALSE
}
```

② void AdminDlg::OnSelchangeTab1(NMHDR * pNMHDR, LRESULT * pResult)

```
{
    // TODO: Add your control notification handler code here
    int CurSel = m _ tab. GetCurSel( ) ;
    switch( CurSel)
    {
    case 0:
      admininfo. ShowWindow( true) ;
      admincourse. ShowWindow ( false) ;
      adminstusel. ShowWindow ( false) ;
      adminteasel. ShowWindow( false) ;
      break;
    case 1:
      admininfo. ShowWindow( false) ;
      admincourse. ShowWindow ( true) ;
      adminstusel. ShowWindow ( false) ;
      adminteasel. ShowWindow( false) ;
      break;
    case 2:
      admininfo. ShowWindow( false) ;
      admincourse. ShowWindow ( false) ;
      adminstusel. ShowWindow ( true) ;
      adminteasel. ShowWindow( false) ;
      break;
    case 3:
      admininfo. ShowWindow( false) ;
      admincourse. ShowWindow ( false) ;
      adminstusel. ShowWindow ( false) ;
      adminteasel. ShowWindow( true) ;
```

```
        default: ;
        }
        * pResult = 0;
    }
③ void AdminDlg::OnCancel()
    {
      // TODO: Add extra cleanup here
      CDialog::OnCancel();
    }
```

12.3.4 教师成绩管理界面的实现

教师成绩管理主要是对学生成绩的录入,一个教师可能教授两门以上的课程。对话框的类名为 TeacherDlg。界面运行时如图 12.6 所示。设计的操作步骤与前面基本相同。下面给出所涉及的控件表和消息函数表,最后给出消息函数的代码。

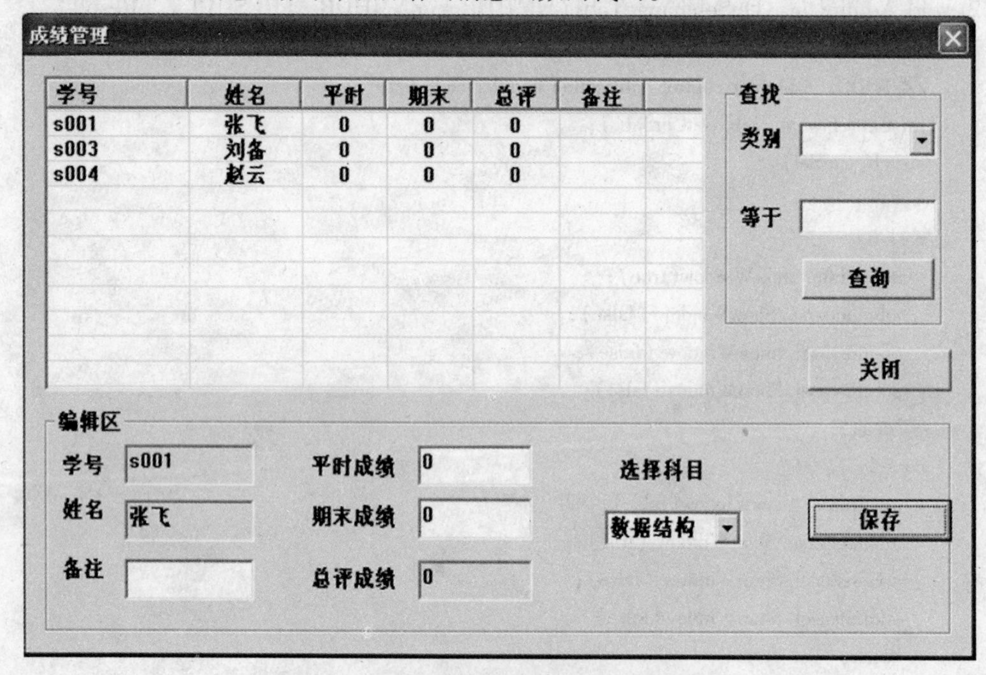

图 12.6 教师成绩管理运行时的对话框

教师成绩管理界面中控件和对应变量的说明见表 12.9。

表 12.9 教师成绩管理界面中控制的设置

控 件	ID	Caption	连接变量及类型	说 明
列表框	IDC_LIST_INFO		m_List(CListCtrl)	数据列表
编辑框	IDC_ID		m_ID(CString)	学号
编辑框	ID_NAME		m_Name(CString)	姓名
编辑框	IDC_FIND_EDIT		m_Find(CString)	查找内容

续表 12.9

控　件	ID	Caption	连接变量及类型	说　明
编辑框	IDC_TEXT_EDIT		m_Test(int)	期末成绩
编辑框	IDC_TOTAL_EDIT		m_Total(int)	总评成绩
编辑框	IDC_USUAL_EDIT		m_Usual(int)	平时成绩
编辑框	IDC_MEMO_EDIT		m_Memo(CString)	备注
下拉列表框	IDC_COURSE_COMBO		m_Course(CComboBox)	选择科目
下拉列表框	IDC_TYPE_COMBO		m_Type(CString)	查找类别
命令按钮	IDC_QUERY_BUTTON	查询		查询按钮
命令按钮	IDC_CHANGE_BUTTON	保存		保存按钮
命令按钮	IDC_CANCEL_BUTTON	关闭		关闭按钮

添加消息函数对应关系见表 12.10。

表 12.10　TeacherDlg 类的消息函数

对象 ID	消　息	函数
TeacherDlg	ON_WM_INITDIALOG	OnInitDialog()
IDC_QUERY_BUTTON	BN_CLICKED	OnQueryButton()
IDC_COURSE_COMBO	CBN_SELCHANGE	OnSelChangeCourseCombo()
IDC_CHANGE_BUTTON	BN_CLICKED	OnChageButton()
IDC_CANCEL_BUTTON	BN_CLICKED	OnCancelButton()
IDC_LIST_INFO	NM_CLICK	OnClickListInfo()

代码如下：

```
void TeacherDlg::GetData()
{
    _variant_t theValue;
    CString strtemp;
    m_ID=(LPCTSTR)(_bstr_t)m_pRecordset->GetCollect("id");
    m_Name=(LPCTSTR)(_bstr_t)m_pRecordset->GetCollect("name");
    m_Test=atoi((LPCTSTR)(_bstr_t)m_pRecordset->GetCollect("testscore"));

    m_Total=atoi((LPCTSTR)(_bstr_t)m_pRecordset->GetCollect("totalscore"));
    m_Usual=atoi((LPCTSTR)(_bstr_t)m_pRecordset->GetCollect("usualscore"));

    theValue=m_pRecordset->GetCollect("memo");
    if(theValue.vt!=VT_NULL)
    m_Memo=(LPCTSTR)(_bstr_t)theValue;

}
```

```
void TeacherDlg::ListAll()
{
  m_List.DeleteAllItems ();
  int  nIndex=0;
  m_pRecordset->MoveFirst ();
  while(! m_pRecordset->adoEOF)
  {
    GetData();
    LV_ITEM lvitem;
    lvitem.mask=LVIF_TEXT;
    lvitem.iItem=nIndex;
    lvitem.iSubItem=0;
    lvitem.pszText="";

    m_List.InsertItem (&lvitem);
    m_List.SetItemText (nIndex,0,m_ID);

    m_List.SetItemText (nIndex,1,m_Name);
    CString strtemp;
    strtemp.Format("%d",m_Usual);
    m_List.SetItemText (nIndex,2,strtemp);
    strtemp.Format("%d",m_Test);
    m_List.SetItemText (nIndex,3,strtemp);
    strtemp.Format("%d",m_Total);

    m_List.SetItemText (nIndex,4,strtemp);
    m_List.SetItemText (nIndex,5,m_Memo);

    m_pRecordset->MoveNext ();
    nIndex++;
  }
}
void TeacherDlg::OnChangeButton()
{
// TODO: Add your control notification handler code here
  UpdateData();
  CString str;
  _bstr_t vSQL;
  m_Total=(int)(0.2*m_Usual+0.8*m_Test);
  CString str1,str2,str3;
  str1.Format ("%d",m_Usual);
  str2.Format ("%d",m_Test);
```

```
    str3.Format ("%d",m_Total);
    if(m_Memo.Compare("")! =0)
      vSQL="update Studentscore set usualscore="+str1+
      ",testscore="+str2+",totalscore="+str3+",memo='"+
      m_Memo+"' where courseid='"+m_Courseid+"' and studentid='"+
      m_ID+"'";
    else
      vSQL="update Studentscore set usualscore="+str1+
      ",testscore="+str2+",totalscore="+str3+
      " where courseid='"+m_Courseid+"' and studentid='"+
      m_ID+"'";
    m_AdoConn.ExecuteSQL (vSQL);
    CString strSQL;
    strSQL ="select a.name, a.id, usualscore, testscore, totalscore, memo, sequence from userlist a, studentscore b where a.id=b.studentid and courseid= '"+m_Courseid+"'";
    m_pRecordset=m_AdoConn.GetRecordset ((_bstr_t)strSQL);
    ListAll();
    m_pRecordset->Close();

}

void TeacherDlg::OnCancelButton()
{
    // TODO: Add your control notification handler code here
    CDialog::OnCancel();
}
void TeacherDlg::OnQueryButton()
{
    // TODO: Add your control notification handler code here
    UpdateData();
    if(m_FindEdit.Compare("")==0)
    {
      MessageBox("查询的内容不能为空!");return;
    }
    CString strField,str;

    if(m_FindType=="学生姓名")
      strField="Name";
    if(m_FindType=="学生 ID")
      strField="id";
    CString strSQL="select a.name,a.id,usualscore,testscore,totalscore,memo,sequence from userlist a";
    strSQL+=",studentscore b where a.id=b.studentid and courseid= '"+m_Courseid+"'";
    strSQL+=" and a."+strField+"='"+m_FindEdit+"'";
```

```
        m_pRecordset=m_AdoConn.GetRecordset((_bstr_t)strSQL);

        if(m_pRecordset->adoEOF)
        {
            MessageBox("无此记录");return;
        }
        else
        {
            m_pRecordset->MoveFirst();
            GetData();
            UpdateData(false);
            ListAll();
            m_pRecordset->Close();
        }
    }
    BOOL TeacherDlg::OnInitDialog()
    {
        CDialog::OnInitDialog();

        // TODO: Add extra initialization here

        DWORD dwExStyle = LVS_EX_FULLROWSELECT|LVS_EX_GRIDLINES|LVS_EX_ONE-
CLICKACTIVATE;
        m_List.ModifyStyle(0,LVS_REPORT|LVS_SINGLESEL|LVS_SHOWSELALWAYS);
        m_List.SetExtendedStyle(dwExStyle);

        m_List.InsertColumn(0,"学号",LVCFMT_CENTER,100,0);
        m_List.InsertColumn(1,"姓名",LVCFMT_CENTER,80,0);
        m_List.InsertColumn(2,"平时",LVCFMT_CENTER,60,0);
        m_List.InsertColumn(3,"期末",LVCFMT_CENTER,60,0);
        m_List.InsertColumn(4,"总评",LVCFMT_CENTER,60,0);
        m_List.InsertColumn(5,"备注",LVCFMT_CENTER,60,0);

        CString strSQL;
        SetCourse();
        strSQL = "select a.name, a.id, usualscore, testscore, totalscore, memo, sequence from userlist a, stu-
dentscore b where a.id=b.studentid and courseid= '"+m_Courseid+"'";

        m_pRecordset=m_AdoConn.GetRecordset((_bstr_t)strSQL);
        if(! m_pRecordset->adoEOF)
        {
            ListAll();
            m_pRecordset->MoveFirst();
```

```
        GetData( );
        m_pRecordset->Close ( );
    }
    UpdateData(false);
    return TRUE;   // return TRUE unless you set the focus to a control
                   // EXCEPTION: OCX Property Pages should return FALSE
}

TeacherDlg::TeacherDlg(CString teacherid,CString teachername, CWnd * pParent)
: CDialog(TeacherDlg::IDD, pParent)
{
    m_ID = _T("");
    m_Memo = _T("");
    m_Name = _T("");
    m_Test = 0;
    m_Total = 0;
    m_Usual = 0;
    m_FindType = _T("");
    m_FindEdit = _T("");
    m_Teacherid=teacherid;
    m_TeacherName=teachername;
}

void TeacherDlg::SetCourse( )
{
    m_AdoConn.OnInitADOConn( );
    _bstr_t strSQL;
    strSQL="select a.courseid,a.coursename from teachercourse b,course a where teacherid='"
    +m_Teacherid+"' and a.courseid=b.courseid";//选择教师所授的课程名称
    m_pRecordset=m_AdoConn.GetRecordset (strSQL);
    int   nIndex=0;
    if(! m_pRecordset->adoEOF)
    {
        m_Courseid=(LPCTSTR)(_bstr_t)m_pRecordset->GetCollect ("courseid");
    while(! m_pRecordset->adoEOF)
    {
    CString CourseName=(LPCTSTR)(_bstr_t)m_pRecordset->GetCollect ("coursename");
        m_Course.InsertString(nIndex,CourseName);
        m_pRecordset->MoveNext ( );
          nIndex++;
    }
    m_Course.SetCurSel (0);
    UpdateData(FALSE);
```

```
        }
        m _ pRecordset->Close ( );
    }
    void TeacherDlg::OnClickListInfo(NMHDR * pNMHDR, LRESULT * pResult)
    {
    // TODO: Add your control notification handler code here
        int nItem=m _ List. GetNextItem ( -1,LVNI _ SELECTED);
        if(nItem! =-1)
        {
            m _ ID=m _ List. GetItemText (nItem,0);
            m _ Name=m _ List. GetItemText (nItem,1);
            m _ Usual=atoi(m _ List. GetItemText (nItem,2));
            m _ Test=atoi(m _ List. GetItemText (nItem,3));
            m _ Total=atoi(m _ List. GetItemText (nItem,4));
            m _ Memo=m _ List. GetItemText (nItem,5);
        }
        UpdateData(false);
        * pResult = 0;
    }
    void TeacherDlg::OnSelchangeCourseCombo()
    {
    // TODO: Add your control notification handler code here
        UpdateData();
        CString strSQL;
        CString strtemp;
        m _ Course. GetLBText(m _ Course. GetCurSel(),strtemp);
        strSQL="select b. courseid from course a,teachercourse b where a. courseid=b. courseid and teacherid
='"+
        m _ Teacherid+"' and coursename='"+ strtemp+"'";
        m _ pRecordset=m _ AdoConn. GetRecordset ((_ bstr _ t)strSQL);
        if(! m _ pRecordset->adoEOF)
        {
        m _ Courseid=(LPCTSTR)(_ bstr _ t)m _ pRecordset->GetCollect ("courseid");
        m _ pRecordset->Close ( );
         strSQL ="select a. name, a. id, usualscore, testscore, totalscore, memo, sequence from userlist a, stu-
dentscore b where a. id=b. studentid and courseid= '"+m _ Courseid+"'";

        m _ pRecordset=m _ AdoConn. GetRecordset ((_ bstr _ t)strSQL);
        if(! m _ pRecordset->adoEOF)
        {
          ListAll();
          m _ pRecordset->MoveFirst ( );
          GetData();
```

```
        m_pRecordset->Close();
    }
    }
    UpdateData(false);
}
```

12.3.5　学生查询成绩界面的实现

学生成绩查询界面是显示学生的各科成绩,对话框对应的类名为 StudentDlg。运行时的界面 12.7 如图所示。

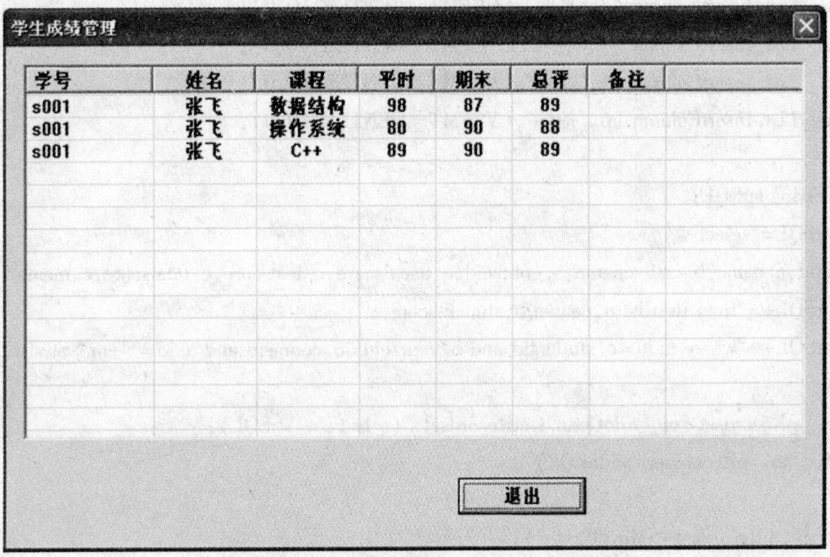

图 12.7　学生查询对话框的运行界面

对话框中的控件和对应变量的设置见表 12.11。

表 12.11　学生成绩查询界面中控件的设置

控　件	ID	Caption	连接变量及类型	说　明
列表框	IDC_LIST_INFO		m_List(CListCtrl)	成绩列表
编辑框	IDCANCEL	退出		退出按钮

消息及消息函数对应关系见表 12.12。

表 12.12　StudentDlg 类的消息函数

对象 ID	消　息	函　数
StudentDlg	ON_WM_INITDIALOG	OnInitDialog()
IDCANCEL	BN_CLICKED	OnCanceln()

```
BOOL StudentDlg::OnInitDialog()
{
    CDialog::OnInitDialog();

    // TODO: Add extra initialization here
```

```
DWORD
dwExStyle=LVS_EX_FULLROWSELECT|LVS_EX_GRIDLINES|LVS_EX_ONECLICKACTI-
VATE;
m_List.ModifyStyle(0,LVS_REPORT|LVS_SINGLESEL|LVS_SHOWSELALWAYS);
m_List.SetExtendedStyle (dwExStyle);

m_List.InsertColumn (0,"学号",LVCFMT_CENTER,100,0);
m_List.InsertColumn (1,"姓名",LVCFMT_CENTER,80,0);
m_List.InsertColumn (2,"课程",LVCFMT_CENTER,80,0);
m_List.InsertColumn (3,"平时",LVCFMT_CENTER,60,0);
m_List.InsertColumn (4,"期末",LVCFMT_CENTER,60,0);
m_List.InsertColumn (5,"总评",LVCFMT_CENTER,60,0);
m_List.InsertColumn (6,"备注",LVCFMT_CENTER,60,0);

CString strSQL;
strSQL="select
a.id,a.name,b.coursename,b.courseid,c.usualscore,c.testscore,c.totalscore,c.memo ";
strSQL+="from userlist a,course b,studentscore c ";
strSQL+="where a.id=c.studentid and b.courseid=c.courseid and a.id='"+m_Studentid+"'";

m_pRecordset=m_AdoConn.GetRecordset ((_bstr_t)strSQL);
if(! m_pRecordset->adoEOF)
{
  m_pRecordset->MoveFirst ();
  int nIndex=0;
  while(! m_pRecordset->adoEOF)
  {
    CString m_Test,m_Usual,m_Total,m_Memo,m_CourseName;
    _variant_t theValue;
    m_Test=(LPCTSTR)(_bstr_t)m_pRecordset->GetCollect ("testscore");
    m_Total=(LPCTSTR)(_bstr_t)m_pRecordset->GetCollect ("totalscore");
    m_Usual=(LPCTSTR)(_bstr_t)m_pRecordset->GetCollect ("usualscore");
    m_CourseName=(LPCTSTR)(_bstr_t)m_pRecordset->GetCollect ("coursename");
    theValue=m_pRecordset->GetCollect ("memo");
    if(theValue.vt! =VT_NULL)
    m_Memo=(LPCTSTR)(_bstr_t)theValue;

    LV_ITEM lvitem;
    lvitem.mask=LVIF_TEXT;
    lvitem.iItem=nIndex;
    lvitem.iSubItem=0;
    lvitem.pszText="";
    m_List.InsertItem (&lvitem);
```

```
            m _ List. SetItemText ( nIndex,0,m _ Studentid) ;
            m _ List. SetItemText ( nIndex,1,m _ Name) ;
            m _ List. SetItemText ( nIndex,2,m _ CourseName) ;
            m _ List. SetItemText ( nIndex,3,m _ Usual) ;
            m _ List. SetItemText ( nIndex,4,m _ Test) ;
            m _ List. SetItemText ( nIndex,5,m _ Total) ;
            m _ List. SetItemText ( nIndex,6,m _ Memo) ;
            m _ pRecordset->MoveNext ( ) ;
            nIndex++;
        }
        m _ pRecordset->Close ( ) ;
    }
    UpdateData( false) ;
    return TRUE;   // return TRUE unless you set the focus to a control
                   // EXCEPTION: OCX Property Pages should return FALSE
}

void StudentDlg: :OnCancel( )
{
    // TODO: Add extra cleanup here
    CDialog: :OnCancel( ) ;
}
```

12.3.6　在应用程序中添加代码

在“studentcjgl. cpp”文件中添加代码,调用各个对话框。加黑的字是新添加的代码

```
#include "stdafx. h"
#include "studentcjgl. h"
#include "LoginDlg. h"
#include "admindlg. h"
#include "teacherdlg. h"
#include "studentdlg. h"
#ifdef _ DEBUG
#define new DEBUG _ NEW
#undef THIS _ FILE
static char THIS _ FILE[ ] = __ FILE __;
#endif

/////////////////////////
// CStudentcjglApp

BEGIN _ MESSAGE _ MAP( CStudentcjglApp, CWinApp)
//{ { AFX _ MSG _ MAP( CStudentcjglApp)
```

```
    // NOTE - the ClassWizard will add and remove mapping macros here.
    //      DO NOT EDIT what you see in these blocks of generated code!
//}}AFX_MSG
ON_COMMAND(ID_HELP, CWinApp::OnHelp)
END_MESSAGE_MAP()

////////////////////////
// CStudentcjglApp construction

CStudentcjglApp::CStudentcjglApp()
{
// TODO: add construction code here,
// Place all significant initialization in InitInstance
}

////////////////////////
// The one and only CStudentcjglApp object

CStudentcjglApp theApp;

////////////////////////
// CStudentcjglApp initialization

BOOL CStudentcjglApp::InitInstance()
{
AfxEnableControlContainer();

// Standard initialization
// If you are not using these features and wish to reduce the size
// of your final executable, you should remove from the following
// the specific initialization routines you do not need.

#ifdef _AFXDLL
Enable3dControls();   // Call this when using MFC in a shared DLL
#else
Enable3dControlsStatic();   // Call this when linking to MFC statically
#endif
   CLoginDlg dlg;//欢迎界面
//m_pMainWnd = &dlg;
//dlg.DoModal();

int nResponse = dlg.DoModal();
   if (nResponse == IDOK)
```

```
{
  // TODO: Place code here to handle when the dialog is
  //   dismissed with OK
if(dlg.m_UserType.Compare ("0")==0)
{
  AdminDlg admindlg;//调用管理员界面
  m_pMainWnd=&admindlg;
  admindlg.DoModal();
}
else if(dlg.m_UserType.Compare("1")==0)
{
  TeacherDlg teacherdlg(dlg.m_UserID,dlg.m_UserName); //调用教师成绩录入界面
  m_pMainWnd=&teacherdlg;
  teacherdlg.DoModal();
}
else if(dlg.m_UserType.Compare("2")==0)
{
  StudentDlg studentdlg(dlg.m_UserID,dlg.m_UserName); //学生成绩查询界面
  m_pMainWnd=&studentdlg;
  studentdlg.DoModal ();
}
}
else if (nResponse == IDCANCEL)
{
  // TODO: Place code here to handle when the dialog is
  //   dismissed with Cancel
}
// Since the dialog has been closed, return FALSE so that we exit the
//   application, rather than start the application's message pump.
return FALSE;
}
```

小　结

本项目是一个成绩管理的小例子,利用 MFC 的对话框应用程序开发技术、数据库基本操作。在实际练习过程中,要注重开发的思路和解决方法的体会。

参考文献

[1] 钱能. C++程序设计教程[M]. 北京:清华大学出版社,1999.
[2] 艾德才. C++程序设计简明教程[M]. 北京:中国水利水电出版社,2000.
[3] 郑人杰. 软件工程[M]. 北京:清华大学出版社,1999.
[4] 王育坚. Visual C++程序基础教程[M]. 北京:北京邮电大学出版社,2000.
[5] 李光明. Visual C++6.0 经典实例大制作[M]. 北京:中国人事出版社,2001.
[6] 陈光明. 实用 Visual C++编程大全[M]. 西安:西安电子科技大学出版社,2000.
[7] 谭浩强. C++程序设计[M]. 北京:清华大学出版社,2004.